북한 핵의 운명

The Fate of
Nuclear Weapons
in North Korea

한용섭

박영사

머리말

북한이 핵무력을 완성했다고 선언했다. 북한이 핵무력을 완성했다고 자랑하기에 이르기까지 원인을 두고 말들이 많다. 우선 한국의 국내에서 보수와 진보 정파끼리 서로 "네 탓"이라고 손가락질 하고 있다. 국제무대에서는 북한과 중국이 미국 탓이라고 비난하고 있다. 미국은 중국의 미온적인 대북한 제재 탓을 하고 있다. 북한이 핵무력을 완성한 것은 외부의 어느 누구 잘못이 아니고, 북한 김일성 - 김정일 - 김정은 3부자의 끊임없는 노력의 결과이다.

필자는 1991년 12월부터 남북한 핵협상의 실무진에서 일하면서 핵협상에 참가했다. 1993년 3월 북한의 핵확산금지조약(NPT) 탈퇴 선언을 보고, 북한은 김일성 정권에서조차 핵무기 개발의지가 확고하구나 하고 느꼈다. 1994년 북미 핵협상에서 제네바합의를 도출하고 북한은 핵무기를 포기한 것처럼 보였다. 그러나 필자를 비롯한 소수의 전문가들은 북한이 북미 제네바합의를 위반하고 몰래 핵개발을 할 것이라고 우려하여 계속 추적해 왔다. 드디어 2003년에 또 다시 NPT 탈퇴를 선언하고, 김정일 정권은 핵무기 개발을 가시화하는 정책을 쓰기 시작했다. 2006년 10월 3일에 핵실험 예정 선언을 했지만, 실제로 핵실험을 할 것이라고 보는 전문가들은 거의 없었다.

필자는 1주 이내에 북한이 핵실험을 할 것 같다고 중국의 북한 전문가들과 내기를 걸었는데, 10월 9일에 핵실험을 했던 것이다. 이때부터 북한의 핵개발은 가시화되었다. 김정은이 정권을 잡을 때에 많은 북한 전문가들이 김정은은 스위스에서 공부를 한 적이 있는, 국제적 감각을 갖춘 개혁개방적 지도자가 될 것으로 보이기 때문에, 핵개발을 멈출 것이라고 주장하였다. 그러나, 필자는 그렇게 보지 않았다. "핵보유국의 지위를 일떠 세운 지도자"라는 김정일의 업적을 이어받아 김정은이 핵무력을 더욱 증강시킬 것으로 보았다. 김정은은 미국과 "맞장뜨기" 위해서 핵미사일 능력을 초스피드로 건설하였다.

그러므로 북한의 핵과 미사일은 김일성 – 김정일 – 김정은 3부자에 의해 완성된 3악장짜리 교향곡에 비유할 수 있다. 외부의 누구인가가 잘못해서 북한이 세계적인 핵미사일 무장국가가 된 것이 아니니, 우리끼리 탓할 일이 아니다. 이제 문제를 잘 분석하여, 어떻게 대처하는가에 우리의 노력을 집중할 때이다.

북한이 만든 3악장짜리 핵교향곡을 살펴보자. 제1악장인 김일성 시대에는 핵의 에너지용, 무기용 이중성을 강조하며 비밀리에 핵무기 개발 능력을 갖추었다.

제2악장인 김정일 시대에는 김일성 시대의 비핵화 유언을 복선으로 깔면서, 일면 핵협상, 일면 핵개발을 지속하여 결국 핵무기를 2번 시험했고 중거리 미사일을 개발함으로써 핵무기 개발을 가시화했다.

제3악장인 김정은 시대에는 핵무기와 미국 공격용 대륙간탄도탄을 결합시켜 4번의 핵실험과 수십 수백 차례의 미사일 시험을 거쳐 핵무력을 완성했다고 선언했다.

북한의 핵무기와 미사일 개발은 많은 외부 관찰자들의 예상을 뒤엎고 너무 빨리 진척되었다. 현재 많은 국내외 전문가들과 관련 정부들이 북한의 핵능력과 핵전략을 업데이트 하느라고 분주하다. 북한의 핵무장 교향곡은 3악장으로 끝날 것인가? 미국을 비롯한 국제사회가 북한을 핵보유국으로 인정할 수 없다고 주장하기에 북한의 핵무장 교향곡은 3악장으로 끝날 수 없다.

북한의 김정은 정권이 핵무장을 완성했다고 북한에서는 대규모의 자축연을 벌였지만, 미국과 국제사회의 관객들은 하나 둘 자리를 뜨기 시작해서 모두들 떠나갔다. 북한의 관객들도 방사능에, 지진에, 기아에, 대결 일변도의 허장성세가 불러들인 경제제재에 지칠 대로 지쳐 있다. 북한의 잔치는 김정은을 비롯한 핵과 미사일 기술자들만의 잔치가 되었다. 김정은 체제는 비핵화로 돌아 길을 찾지 못할 정도로 까마득히 멀리 떠나 왔다. 이제 세계 역사상 처음으로 약소국 북한이 강대국 미국과 핵무기로 맞장을 뜨겠다는 북미 대결을 북한이 자주 되뇌고 있음으로써 북미간에 일촉즉발의 치킨게임으로 가고 있다.

북한 김씨 왕조의 핵을 비핵화시키기 위해 국제무대에서 제3막으로 구성된 외교 무대가 펼쳐졌다. 제1막은 1991년부터 1992년 말까지 남북한 간에 핵협상이 있었다. 한국이 주인공을 맡았다. 한반도 비핵화공동선언이 합의되었다. 북한은 숨어서 재처리시설을 가동했고, 플루토늄탄을 만들 수 있게 된 반면, 한국은 비핵화공동선언에 손발이 묶여서 재처리와 농축에 대한 꿈조차 완전히 포기해버려야 되었다.

제2막은 미국과 북한 간에 핵협상이 있었다. 미국이 한국을 대체하여 주인공을 맡았다. 제네바합의가 생산되었다. 북한은 과거 핵개발 행적에 대해 미국으로부터 면죄부를 받았다고 생각했고, 비밀리에 우라늄농축을 시작했다. 미국과 북한 두 나라는 각각 외교적 승리를 부르짖었으나, 북한의 핵개발 의지는 약화되지 않았고, 새로운 원자력 발전소 건설은 막았지만 핵개발을 근원적으로 막지는 못했다.

제3막은 6자회담이 있었다. 북한과 미국이 주인공을 맡고 중국과 한국이 중재자 역할을 맡고, 일본과 러시아가 조연을 맡았다. 미국은 제2막에서 북한에게 사기 당했다고 간주해 절대로 북한과 1대1 회담은 안 한다고 했다. 9.19 공동성명, 2.13 합의, 10.3 합의 등이 생산되었다. 그러나 북한은 핵실험도 하고, 미사일 시험도 하고, 핵개발을 지속했다. 김정은 시대에 와서는 완전히 내놓고 핵과 미사일 개발을 하는 통에 비핵화 연극 제3막은 다 공연 되지도 못하고 중간 즈음에 파국을 맞았다.

북한을 비핵화시키기 위한 교향곡 제4악장이나, 연극 제4막은 시작되지도 못한지 오래 되었다. 누구도 주인공을 맡으려고 하지도 않고, 맡을 자신이나 지도력도 보이지 않았다. 북한이 핵무력을 완성했는지 안 했는지에 대해서 국제적으로 일치된 의견조차도 없다. 게다가 북한의 핵능력이 이 지경까지 오게 된 것에 대해서 서로 책임을 떠넘기고 있다. 한국의 국내에서는 보수 탓, 진보 탓 하면서 서로 상대방에게 손가락질을 하고 있다. 외부의 행위자들에게 책임이 조금 있을지 모르지만, 외부의 행위자들의 잘못이 아니다. 원인을 똑바로 알아야 한다.

북한이 핵무장 국가가 된 것은 북한의 김씨 왕조가 민생을 팽개치고 국제제재를 당하면서도 반드시 핵무장 국가가 되겠다는 초지일관한 정치적 의지와 기술력 개발 때문이다.

국제무대의 막간에서 서로 상대방 탓만 하고 있는 사이에 김정은의 핵 교향곡은 제4악장을 향해 가고 있다. 북한 비핵화는 불가능한가? 다시 한 번 북한핵과 미사일 문제를 풀기 위해서 제4악장과 제4막이 결합된 교향곡을 작곡해야 하는데, 다음 장을 성공적으로 쓰기 위해서는 몇 가지 기본 조건이 필요하다. 우선 제4악장과 제4막은 결합되어야 한다. 이것이 잘못되어 제4악장은 모든 행위자들의 운명을 죽음의 길로 재촉하는 "운명교향곡"이 될지, 이것이 잘되어서 모든 행위자들이 국익을 조화롭게 화합시키는 "합창교향곡"이 될지는 행위자들이 북한핵의 기원과 종말을 잘 이해하고 어떤 현명한 대책을 실행하는가에 달려있다. 이책의 집필을 마칠 즈음에 평창동계올림픽과 남북한의 특사교환, 남북한 정상회담 약속, 북미 정상회담 약속이 뉴스로 떠올랐다. 이제 제4악장과 제4막이 결합된 교향곡이 시작될 것인가에 대해 모두들 기대와 우려가 반반 혼재되어 있다.

이 책에서 북한의 검증가능한 핵폐기를 가져 올 수 있는 합창교향곡의 조건을 제시하려고 한다. 만약 이것이 이루어지지 않을 경우, 운명교향곡이 될 수도 있다. 이 책은 다섯 개의 장으로 구성되어 있다.

제1장은 북한이 김일성-김정일-김정은 체제를 거쳐 오는 동안 어떻게 핵무력을 완성해 가는가에 대해 알아본다. 제2장은 대화를 통해 북한을 비핵화시키려는 노력이 어떤 과정을 거쳐, 무엇이 성공했고 무엇이 실패했는지 분석해 보고, 다음 대화에 던지는 귀중한 교훈을 얻고자 한다. 북핵 협상의 고비 고비마다 많은 에피소드가 있지만, 대화의 효과에 결정적인 영향을 미친 이슈 중 몇 개를 곁들여 설명해 보기로 한다. 제3장은 북한 핵과 미사일 위협을 억제하기 위한 한국과 미국의 국방정책 및 억제 차원의 조치들을 논의해 보려고 한다. 여기서 북한이 보는 억제는 무엇인지, 미국이 보는 억제는 무엇인지, 한국이 보는 억제는 무엇인지에 대해 살펴보고, 미국의 확장억제를 강화시키는 방법과 한국의 독자적 억제방법을 알아본다.

제4장은 북한에 대한 경제제재의 진화과정을 살펴보면서, 북한에 대한 효과 여부를 둘러싸고 벌어지는 논쟁과 효과를 정리하면서 향후 대북 제재의 전망을 살펴보려고 한다.

제5장은 마지막으로 북한 비핵화를 위한 대단원의 제4악장 합창교향곡을 만들기 위해 미래 시나리오를 2개로 압축하고 어떤 것이

가능성이 크며, 합창교향곡을 만들기 위해서 관련국가들 특히 미국이 취해야 될 조치를 종합적으로 살펴보면서 한국을 비롯한 관련 국가들이 취해야 할 태도를 알아보려고 한다.

이 책은 우리에게 닥친 북핵 위기의 본질을 제대로 보고, 제대로 대응하기 위한 개인적 연구작업이다. 1991년부터 지금까지 필자는 오로지 대한민국의 국가안보이익만을 생각하면서 사태를 관찰하고, 때로는 정책 연구와 건의도 하고, 국제적으로 핵비확산공동체와 긴밀하게 교류해 왔다. 북핵의 본질을 똑 바로 인식하고, 우리의 객관적이고 바람직한 대책 찾기에 올인해 왔다. 지금은 우리 눈앞에 닥친 한반도의 최대 안보 위기를 잘 해소해 나가는 것이 당대의 지식인들에게 주어진 임무이다. 이 책이 이러한 일에 일조했으면 하는 바람이다.

이 책은 한국연구재단의 「2015 우수학자 지원사업」의 일환으로 필자가 집필중인 『한국의 핵정책과 국제정치』라는 저서의 "제4장 북한 핵의 운명: 핵개발 원인과 효과적인 비핵화 방안"에 관한 부분을 별도의 책으로 출판하는 것이다. 이 연구를 지원해 준 한국연구재단에 감사하고, 이 책의 출판을 맡아 준 안종만 박영사 회장님과 출판사 관계자들에게 감사드린다. 그리고 본서의 모든 내용은 필자 개인의 견해임을 밝히며, 부족한 점에 대해서는 많은 가르침을 기대하는 바이다.

2018년 2월 논산 학구재에서

한용섭 국방대 교수

차 례

01

북한의 핵무기와
미사일 개발 과정

"The Fate of Nuclear Weapons in North Korea"

01.
북한의 핵무기와
미사일 개발 과정

북한의 핵개발 의지와 동기

북한과 같은 비핵보유국이 왜 핵보유국으로 되는가? 국제핵비확산체제NPT: Nuclear Nonproliferation Treaty의 그 삼엄하고 엄중한 규제와 통제에도 불구하고 핵보유국이 되기 위해서는 국가지도자의 핵무기 개발 의지가 굳세어야 하고, 국제규제의 망을 뚫고 필요한 기술을 비밀리에 도입하거나 국내의 비밀 연구개발을 지속적으로 해야 하며, 또한 궁극적으로는 포괄적핵실험금지체제를 위반하고 핵실험을 해야 한다. 이 고난도 과정을 뚫고 비핵보유국이 핵보유국으로 되는 원인은 대개 여섯 가지로 설명될 수 있다.

첫째는 동기이론motivation theory이다. 재래식 무기로는 국가안보를 보장할 수 없는 큰 외부적 위협이 존재한다고 생각하고 핵무기를 만들어서 국가안보를 반드시 확보해야 하겠다는, 한 국가의 정치적 및 군사적 동기가 있기 때문에 핵무기를 개발한다는 것이다. 이스라엘,

인도, 파키스탄이 그랬고, 북한도 대체로 이런 동기이론이 적용될 수 있다.*

그런데 NPT체제하의 공인된 핵보유국미국, 구소련(지금은 러시아), 영국, 프랑스, 중국은 비핵국가와 안보동맹을 맺고, 핵우산 등 핵억제력을 제공하겠다고 약속함으로써 비핵보유국이 핵무장을 통해 안보를 확보하려는 동기를 해결하려고 노력해 왔다. 즉 핵보유국들은 비핵보유국들과 안보동맹을 맺기도 하고, 비핵보유국이 핵무기로 공격을 받을 경우에 핵무기를 사용해서라도 국가안보를 보장해 주겠다는 적극적 안전보장Positive Security Assurance을 약속하기도 하고, 비핵보유국에 대해서는 핵무기를 사용하거나 사용을 위협하지도 않겠다는 소극적 안전보장Negative Security Assurance을 해줌으로써 비핵보유국이 핵무기를 만드는 것을 포기하도록 설득해 오기도 했다. 따라서 외부의 안보위협이 있다고 하더라도 NPT체제에 잘 순응하겠다고 다짐한 국가들은 핵무기 개발을 포기해 왔던 것이다.

한국이 1970년대에 닉슨행정부의 미군철수론으로 초래된 안보불안을 극복하기 위해 비밀 핵개발을 시도했으나 미국이 한미동맹의 중단 경고 및 경제압박 카드를 행사함으로써, 안보는 미국이 보장해 줄 테니 핵무기 개발을 취소하라고 영향력을 행사했기 때문에 한국은 핵개발을 포기하였다. 반면에 북한은 핵무기를 개발하고자 하는 정책을 유지하고 있다가 탈냉전 직후 구소련과 중국이 북한에 대한 안보제공 정책을 변화시키려는 기미를 보이자 자주적으로 자체 안보를 보장하기 위해 핵개발을 가속화시켰다. 북한이 말하는 "자위권"적 차원에서 핵무기를 개발한 것이다.

---

* 스탠포드 대학의 스콧 세이건(Scott Sagan) 같은 국제정치학자들은 비핵보유국이 핵무기를 만드는 요인을 국가 외부의 안보원인, 국가 내부의 정치 혹은 사회 조직 차원의 원인, 규범적·국제 위신적 원인으로 설명하기도 한다.

둘째는 기술이론Technology theory이다. 즉, 핵무기를 연구·개발할 수 있는 기술적 능력이 있으면 핵무기를 만든다는 것이다. 이 이론은 한 국가가 핵개발 기술 능력을 갖추면 반드시 핵개발을 한다는 측면을 강조하는 이론이다. 이것은 지도자가 핵무기를 개발하고자 하는 정치적 결심을 했다고 하더라도 기술적 개발 가능성과 이를 뒷받침하는 재원이 없이는 핵무기 제조가 불가능하다는 의미이기도 하다.

그러나 실제로 핵무기를 만들 수 있는 기술과 능력을 가졌던 서독, 일본, 스웨덴, 스위스 등이 핵무기를 개발하지 않은 것은 기술이 있더라도 핵무기개발을 금지하는 국제핵비확산체제의 규범과 가치를 더 중요하게 생각했기 때문에 핵무기 개발을 삼가했다. 이 부분은 기술이론이 설명하지 못한다. 핵기술 선진국들은 핵확산을 막기 위해서 1975년부터 핵공급국클럽을 창설하고, 핵무기 개발로 전용 가능한 기술과 핵물질을 비핵보유국들에게 수출하지 않겠다는 신사협정을 맺고 이를 준수해 오고 있다. 하지만 이러한 수출통제체제는 무슨 수단을 써서라도 핵무장을 반드시 하고야 말겠다는 국가들이 국내에서 자체적으로 행하는 핵무기 기술의 연구와 개발을 막지 못한다는 단점이 있다.

셋째는 연계이론linkage theory이다. 1970년 출범 당시의 국제 핵비확산체제를 보면 강대국들이 모두 핵보유국으로서 인정을 받고 그들의 핵실험과 핵보유에는 아무런 제약 없이 핵무기를 수량과 질적인 면에서 증가수직적 핵확산시켜 왔던 반면에, 비핵보유국들은 핵비확산 의무를 일방적으로 부과받은 국제적 불평등 체제였다는 것을 알 수 있다. 따라서 비핵보유국들이 핵보유국의 수직적 핵확산으로 초래된 핵독점과 핵불평등 현상에 불만을 갖고 이를 타파하거나 이에 대항하기 위해 핵무기를 만들게 된다수평적 핵확산는 것이다. 즉, 수직적 핵확산과 수평적 핵확산은 연계되어 있다는 것이다. 이 이론은 제3세계에서 많이 인용하는 이론이다.

북한은 핵무기 제조를 시도하면서, 미국이 중심이 되어 수립한 핵비확산체제를 핵패권질서라고 부르고, 핵패권국들 특히 미국이 북한에게 이것을 강요하고 있다고 반발하는 한편, 미국이 핵무기로 북한을 위협하고 있기 때문에 똑같은 수단으로 미국에 대적하기 위해 핵무기를 만들었다고 주장한 바 있는데 이는 연계이론이 적용되는 부분이다.

넷째는 핵보유국과 맞장 뜰 수 있는 핵무기 능력을 보유함으로써 그 국가가 위치한 지역 내에서 핵보유국의 패권적 지배를 벗어나고, 그들과 겨룰 수 있는 강국이 되었다는 국제적인 위신international prestige을 획득하고, 핵보유국으로서 알맞은 지역적 영향력을 발휘하기 위해서이다. 북한이 핵을 개발하고, 미국본토에 직접 위해를 가할 수 있는 대륙간탄도탄을 개발해 온 이유는 전 세계에서 미국과 핵으로 맞장 뜰 수 있는 국가는 북한 밖에 없다는 국제적 위신을 과시하기 위함이고, 한반도에서 미군을 철수시키고 남한에 대한 영향력을 행사함으로써 북한 위주의 통일을 달성하기 위함이기도 하다.

구소련은 미국과의 핵경쟁에서 양적으로 앞선 군비경쟁을 하다가 미국의 질적인 군비경쟁에 따라 잡혔으며, 결국 소련은 붕괴되고 말았다. 중국이 미국의 미사일방어체계를 겁내고 있는 이유는 미국과의 질적인 핵군비경쟁에 말려 들어가 국력을 낭비하고 소련의 전철을 밟을까 봐 우려하고 있는 것이다. 그런데 북한이 미국과 맞장 뜨려고 핵군비경쟁을 시도하려고 하고 있고, 베네수엘라의 차베스처럼 반미운동의 선도에 서려고 하면, 이것은 너무 과한 욕심에 불과하다.

다섯째, 국가지도자의 정권 안보용으로 핵무기를 개발하는 것이다. 한 독재국가가 온갖 국제적 압력과 제재를 무릅쓰고 핵무기 개발에 성공하고, 국제적으로 그 국가의 핵보유가 인정을 받게 되면, 그 독재자가 국제사회의 압박을 이겨내고 핵보유국의 지위를 달성했을 뿐 아니라, 국제사회의 적대적 압박에 대해 견뎌 내기 위해서는 독재자 중심으로 국내적 단결을 필요로 하게 되는데, 핵무기를 개발하는 행위 자체가 독재자의 정권안보를 위해 도움이 되기 때문에 핵무기를 개발한다는 것이다.

북한이 핵무기를 만드는 과정에서 미국을 비롯한 국제사회의 압력을 많이 받았다. 그 결과 북한은 외교적 고립과 경제적 곤란에 처하게 되었다. 특히 1990년 탈냉전과 1991년 소련의 해체 이후에 북한은 정권 및 국가 생존의 위기에 처하게 되는데, 북한은 외교적 고립과 체제 붕괴의 위험 앞에서 핵무기로 무장하겠다고 결정하고 선군정치노선을 채택하게 된다. 이는 군대를 다른 국가기관보다 우위에 둠으로써 체제붕괴를 막고, 국제사회의 압력에 맞서 국내를 단결시키기 위한 것이었는데, 핵무장은 이 두 가지를 다 달성할 수 있는 효과적인 방법이라고 생각했다. 따라서 북한은 김일성 – 김정일 – 김정은 체제 수호와 정권안보를 위해서 북한과 국제사회의 대립을 활용하거나 확대하게 되는데 이런 정권안보 동기가 북핵의 개발을 지속시킨 원인이 되고 있다.

여섯째, 비핵국가가 처음에는 방어용 및 억제용으로 핵무기를 개발하지만 어느 정도 이상의 핵능력을 갖게 되면 그 핵무기를 활용함으로써 적대국을 강제compellence함으로써 자국이 원하는 방향으로 적대국이 행동하도록 영향력 행사를 시도하고, 혹은 강압coercion함으로써 적대국이 어떤 행동을 하지 못하도록 압력을 행사하는 경우가 있는데 이런 경우는 자위적 성격의 억제를 훨씬 벗어나서 현상변경과 적대국의 파멸까지도 시도할 수 있다는 것이다.

북한의 김정은 정권이 일정 정도 이상의 핵과 미사일 능력을 갖게 되면, 미국을 상대로 미국 본토에 대한 핵공격을 하겠다고 협박함으로써 한반도에서 손을 떼게 만든다든지, 혹은 미국을 협박함으로써 한국에 대한 확장억제력 제공을 못하게 한다든지 함으로써 한미동맹을 끊고 한국의 동맹의존 안보정책을 변화시키는 것을 목적으로 하게 된다는 것이다.

이상의 여섯 가지 원인, 즉 안보동기 이론, 기술 이론, 연계 이론, 위신 이론, 정권안보이론, 강제 및 강압 이론은 북한에게 모두 적용될 수 있다. 그러면 북한이 어떻게 핵무장 국가가 되었는지에 대해서 김일성 시대, 김정일 시대, 김정은 시대로 구분하여 구체적으로 살펴보기로 하자.

김일성-김정일-김정은 3대의 지속적인 핵개발 정책

김일성 시대의 핵개발: 이중적 핵정책

(겉으로는 핵개발 부인 속으로는 핵개발 능력 확충)

김일성 시대의 북한은 1950년대 말부터 미군의 한반도 내 핵무기 배치에 대해서 강력하게 비판하고 주한미군의 철수를 위한 선전공세를 전개해 오면서 자체 핵무기 개발을 시작했다. 원자력에 종사할 인원의 배양은 1956년부터 소련의 두브나 핵연구소에 북한의 유능한 과학자들을 매년 연수시켜 온 것으로 드러났다. 기록에 의하면, 북한은 6.25전쟁이 휴전되기 이전인 1952년 10월에 조선과학원을 설립하고, 12월에 조선과학원 산하에 원자력연구소를 설립한 것으로 알려졌다. 전쟁 중에도 김일성은 내각 교육성에 지시하여 젊은 인재들을 소련으로 유학을 보내어 핵관련 인력을 양성하기도 했다. 동시에 동구권과의 학자교류와 핵기술 교류를 추진해오기도 했다. 1954년에는 인민군 내에 핵무기방위부문을 설치하였다. 1959년

9월에는 "조·소간 원자력의 평화적 이용에 관한 협정"을 체결하고 소련과 공식적인 원자력협력 체제를 구축하였으며, 1960년에는 영변에 원자력 연구단지를 설치하였다. 이때에 소련의 두브나 핵연구소에서 근무하고 있던 최학근을 불러들여서 영변 핵연구소 소장으로 임명했다. 또한 1962년 1월 소련의 지원을 얻어서 제1원자로라고 불리는 IRT-2000원자로 건설에 착수하여 1965년에 최초 임계에 성공했다.

1964년 10월 중국이 핵실험에 성공한 후, 김일성이 중국을 방문하여 모택동에게 핵개발 기술을 지원해 달라고 부탁했으나, 거절당했다고 한다. 1972년에 김일성은 비밀리에 핵개발을 지시했다. 중국의 핵개발 행적을 면밀하게 분석하고 난 후 중국의 핵개발이 "은닉, 분산, 기동화" 전략이라고 결론짓고, 앞으로 북한은 핵개발을 "은닉, 분산, 지하화"하라고 지시한 것으로 알려졌다. 중국은 넓은 대륙에 걸쳐 있으므로 핵무기를 기동할 수 있는 반면에 북한은 영토가 적어서 지하화하라고 한 것으로 해석된다.

1974년 9월, 북한이 IAEA에 가입하고 1977년 12월에 IRT-2000 원자로제1원자로에 대한 부분적 핵안전조치협정을 체결하고 이 원자로에 대해서는 정기적 사찰을 받았다. 그 뒤 1980년에 5MW 연구용 원자로제2원자로를 착공, 1986년에 가동에 들어갔으며, 1985년에는 50MW와 200MW 원자로 건설을 계획하고, 1986년에는 재처리 공장 건설에 착수하였다. 그러나 이 두 원자로의 건설에 소련의 지원을 받기로 되어 있었으나, 1988년에 미국과 소련 간의 외교협조로 소련이 이 두 원자로에 대한 지원을 중단하였다고 알려졌다.

그럼에도 불구하고 김일성은 1976년 3월 26일 일본 잡지 "세카이" 편집장과의 대화에서 "우리는 핵무기로 무장하려는 의도를 가지고 있지 않다. 우리는 핵무기를 생산할 돈도 충분히 가지고 있지 않으며, 그것을 시험해 볼 장소도 없다"고 핵무기 개발의지를 부인하였다. 1992년 2월 18일 제6차 남북고위급회담 시 정원식 국무총리와의 대담에서도 김일성은 "우리는 핵무기를 개발할 의사도 능력도 없다"고 말한 바 있다.

하지만 북한은 핵무기를 개발할 기술적 능력과 인재들을 차근차근 배양해 왔다. 즉, 영변의 원자로 주위에서 1980년대 중반부터 고폭실험을 계속한 사실이 있는데 이것은 김일성이 1970년대에 "우리는 핵을 시험해 볼 장소도 없다"고 한데 정면 배치되며, 1992년 IAEA의 사찰결과 북한의 핵시설들은 전기발전용이라기보다는 핵무기 개발용으로 사용해 왔음이 밝혀지기도 했다. 또한 북한의 경제수준과 견주어 보면, 수십 년 동안 전기생산 없는 원자력 연구활동을 해온 것은 김일성의 강력한 지원 없이는 불가능한 것으로 볼 때 핵개발의지는 확고했던 것으로 보인다.

1979년부터 영변에 「주체과학단지」라고 명명한 핵개발연구단지를 건설하기 시작하여 1986년에 완공하였다. 영변의 주체과학단지는 김정일 이름으로 표지판을 세웠던 것으로 볼 때에 이 단지의 총책임은 김정일이 지고 있었던 것으로 보아도 무방하다. 1984년에는 김정일의 지시로 전방군단들에서 장교들을 모집하여 핵개발부대를 조직했다고 한다. 이들은 평안북도 대관군 청계리 천마산 지하핵시설 건설에 동원되었다. 1987년 김일성은 북한의 핵개발에서 가장 큰 성과는 우라늄 농축 주기를 주체화한 것이라고 평가하기도 했다.

아울러 영변핵단지에 있는 5MW 원자로는 1986년부터 가동에 들어갔다. 5MW 원자로는 흑연감속, CO_2 냉각, 천연금속우라늄 핵연료 및 Magnox 피복재를 사용하는 영국형 콜더 홀Calder Hall 원자로를 모델로 하여 북한이 스스로 건설했으며, 무기급 플루토늄을 추출하기에 적합한 것으로서 원자력 발전을 하기에 부적절하였다. 즉, 이것은 북한이 핵무기를 개발하기에 적합한 원자로라고 할 수 있다.

1986년 12월에 북한은 정무원 산하에 원자력공업부를 신설하고 노동당 군수공업부 예하에 원자력총국을 설치하여 핵분야 연구개발에 대한 업무를 총괄하게 하였다. 아울러 북한이 "방사화학실험실"이라고 부르는 재처리시설은 1985년에 북한 자체의 기술로 착공하여 1989년에 일부 설비가 가동에 들어갔다. 1992년 5월에 이곳을 방문하였던 IAEA의 한스 블릭스Hans Blix 사무총장이 "외부건물 80% 공사 진척, 40% 내부 설비 건설이 되었다"고 말하였다.

이 재처리시설에서 5MW 원자로에서 꺼낸 사용 후 핵연료를 1989년과 1990년, 1991년 3차례 재처리함으로써 1991년 말에 무기급 플루토늄 10~12kg 정도를 얻었다고 보여진다. 탈북자 김대호는 1989년 초에 김일성과 김정일이 영변 핵단지를 방문하여 플루토늄 추출 성공을 높이 치하했다고 전한 바 있다.

1989년에서 1990년 초, 미국은 북한이 비밀리에 핵무기를 개발하고 있다는 정보를 가지고 있었고, 이를 소련, 중국, 한국, 일본에게 제공해 주었다고 한다.Oberdorfer, pp.255~256 그리고 영변 지역에서 1983년부터 1991년까지 플루토늄탄 제조를 위해 플루토늄을 모의 폭탄에 넣어 고폭실험을 70여 차례 실행했는데, 1992년 무렵에 플루토늄탄 제조에는 자신감을 가졌을 것으로 보아도 무방하다. 특히 1993년부터 핵실험의 전단계인 완제품 고폭장치에 대한 실험을 실시한 것으로 후에 밝혀졌다.

1991년 4월 한국과 러시아의 관계 정상화 직후에, 북한은 구소련에 대해 배신감을 나타내었고 소련과의 과학기술교류협력을 끝내게 되었다. 이때 김정일은 구소련의 핵과학자들과 미사일 기술자들을 북한으로 비밀리에 스카우트 해오도록 지시했다고 한다. 1991년 10월에 함경북도 화대군 무수단 핵미사일 기지 건설을 시작했고 길주

군 풍계리 일대에 핵실험장 지하시설도 건설되기 시작했다.

핵무기 개발에 집착해 왔던 북한이 대외 협상에 관심을 가지기 시작한 것은 1991년 9월 남북한 총리급 회담 때부터다. 1991년 9월 세계적인 차원의 탈냉전과 더불어 조지 부시 미국 대통령과 고르바초프 소련 당서기장 간에 전술핵무기 철수 및 폐기 선언이 있고 난 후, 북한은 한반도에서 미국의 전술핵무기가 철수된다는 것을 알게 되었고, 이를 계기로 삼아 미국이 남북한 간에 한반도 비핵화를 위한 협상에 들어가기를 유도했기 때문이었다. 북한은 오랫동안 주장해 왔던 주한미군의 핵무기 철수를 기화로 남북한 고위급 회담을 활용하여 남한과 협상을 가지게 되었다. 여기서 남한 측이 팀스피리트 한미 연합훈련을 중단해 주면, 비핵화공동선언에 서명해 줄 수 있다고 밝혔다. 비핵화공동선언은 선언적인 조항만 있지 북한이 비밀리에 개발하던 핵무기 개발 계획을 들여다 볼 수 있는 권한이나 사찰 조항이 없었기 때문에 북한은 오랜 숙원이었던 팀스피리트 연합훈련의 중단을 얻는 것을 조건으로 비핵화공동선언에 서명했다.

당시 북한의 계산은 팀스피리트 연합훈련을 영구히 중단시키고, 남북한 관계개선으로 소련과 동구권의 붕괴가 북한으로 옮겨오는 것을 막고, 체제를 보존하기 위해서였다. 한편 주요 핵개발 시설과 연구능력은 철저히 비밀에 부쳤고, IAEA의 핵사찰 때에 북한이 공개해도 괜찮을 것이라고 판단한 부분만 공개했던 사실에서 북한의 핵개발이 비밀리에 추진되고 있었음을 알 수 있다.

김일성 시대의 북한의 핵기술 현황은 다음과 같다. 북한이 제출한 핵물질 재고와 핵시설 설계정보는 모두 16가지건설 계획 중인 원자력발전소 3기를 모두 포함로 알려져 있다. 그 주요 내용을 보면 영변에 있는 임계시설, IRT-2000원자로, 1986년부터 가동 중인 전기출력 5MW 원자로, 핵연료저장시설, 핵연료 제조시설, 전자 선형 가속장치, 방사화학실험실 등이다. 또 영변에 건설 중인 50 MW와 태천에 건설 중인 200MW 원자력 발전소, 평산·박천의 우라늄 정련시설, 평산·순천의 우라늄 광산, 평양에 있는 김일성 대학의 준임계시설, 건설 계획 중인 원자력 발전소 3기 등이 있다. 주요 시설별로 당시 북한 측 주장과 남한 측이 추정한 것을 비교해 보면 다음 <표 1-1> 와 같다.

표 1-1	북한의 핵시설 현황(2004년 기준)			
순번	시 설 명	수량	위치	비 고
1	연구용원자로 (IRT-2000)	1기	영변	1965년(2MWt→4MWt→8MWt로 용량 확장)
2	임계시설	1기	영변	
3(★)	5MW 실험용원자로	1기	영변	1979 착공 → 1986 가동개시
4(★)	방사화학실험실 (재처리시설)	1개소	영변	1985 착공 → 1989 가동 → 1995 완공예정이었으나, 1994.10 동결(동결당시 70% 공정률). 2003년 재가동
5(★)	핵연료봉제조시설	1개소	영변	
6	핵연료저장시설	1개소	영변	
7	준임계시설	1기	평양	김일성 대학
8(★)	50MW 원자력발전소	1기	영변	1985 착공 → 1995 완공예정이었으나 1994.10 동결
9(★)	200MW원자력발전소	1기	평북 태천	1989 착공 → 1996 완공예정이었으나 1994.10 동결
10	우라늄정련공장	1개소	황북 평산	
11	우라늄정련공장	1개소	황북 박천	
12	우라늄광산	1개소	황북 평산	
13	우라늄광산	1개소	평남 순천	

14	원자력발전소(635MW)			
15	원자력발전소(635MW)	3기	함남 신포	계획단계에서 중단
16	원자력발전소(635MW)			
17	동위원소생산연구소	1개소	영변	
18	폐기물시설	3개소	영변	고체폐기물 저장소(1976) 액체 폐기물 저장소(1990) 폐기물 저장소 추정(1992)

(★) 1994 미·북 제네바합의에 의거 동결된 핵시설(5개소)
- 1-16번은 IAEA에 신고된 시설, 17-18번 : 미신고된 시설
- 18번의 폐기물 시설 3개소 :
① 고체 폐기물 저장소 : 1976년부터 사용(1992년 8월 은폐 위장 실시)
② 액체 폐기물 저장소 : 500호 건물이라 명명(1990년 9월 완공)
③ 폐기물 저장소로 추정되는 장소(1992년 8월 급조)

출처 : 국방부 『대량살상무기(WMD)문답백과』, 국방부, 2004, p.56.

평양에 있는 임계로와 영변의 IRT-2000원자로는 1978년부터 IAEA에 의한 사찰을 받은 바가 있으므로 비교적 명백히 밝혀져 있다. 문제는 북한이 말하는 전력 산출용량 5MW 원자력발전소로, 우리가 제2연구용 원자로로 부르는 원자로이다. 이 원자로에서 나오는 사용 후 핵연료를 재처리할 경우 연간 6-8kg의 플루토늄을 추출할 수 있을 것으로 추정되며, 이는 핵무기 1개를 제조할 수 있는 양이다.참고로 핵무기 1개에 필요한 플루토늄의 양은 2-8 kg이다. 미국과 러시아에서는 현재 2 kg 이상이면 된다고 한다

북한이 신고한 50MW의 원자력 발전소는 남한에게는 열출력 200MW의 제3연구용 원자로로 알려져 있었으며, 가동시 발생하는 사용 후 핵연료를 재처리할 경우 연간 18-50kg의 플루토늄이 추출 가능한 것으로 추정되어 왔다. 이 원자로는 1995년에 완공될 예정이었으나 제네바 합의 후 공사가 중단되었다.

북한이 제출한 핵물질 보고 및 핵시설 설계정보에 의거하여 한스 블릭스 IAEA 사무총장이 1992년 5월 11일부터 15일까지 북한을 방문하였다. 그리하여 영변의 5MW실험용 원자력발전소, 건설 중인 50MW 원자력발전소, 태천에 건설 중인 200MW원자력발전소, 영변의 방사화학실험실, 박천·평산의 우라늄 광산 및 정련시설, 그리고 평양의 원자력 연구소 등을 시찰하였다. 이어 북경에서 가진 기자회견에서 북한의 핵관련 시설을 방문한 소감을 피력하였다. 그의 이야기의 대부분은 북한 측의 설명을 인용하는데 그쳤기 때문에 평가할 만한 내용이 적지만 그 가운데 북한이 1990년 3월에 소량90g의 플루토늄을 추출한 사실이 있음을 시인하였으며, 영변에 건설 중인 방사화학실험실은 서방의 기준으로 볼 때 재처리 시설이라고 한 점은 주목을 끌었다.

그는 이 재처리 시설은 길이가 180m, 높이가 5층이나 되는 매우 큰 건물로 80%정도가 완공되었으며, 실험기구 및 장비는 40%정도 갖추어져 있다고 하였다. 또 북한이 원자력 기술면에서 자립능력이 충분히 있으며, 기술의 자력개발을 위해 오히려 효율성을 희생하고 있다고 언급하였다. 한편, 6월 10일 한스 블릭스 사무총장은 5월 25일부터 6월 5일까지 실시된 북한 핵관련시설에 대한 IAEA의 최초 임시사찰 결과를 주요 이사국들에게 보고하였다. 그 주요 내용은 북한의 원자로는 모두 가스 냉각방식으로서 흑연을 감속재로 쓰고 있으며, 이 원자로는 40년 전에 영국에서 주로 사용되었던 것으로 이제는 안전성과 경제성이 너무 떨어져 폐기한 것이라는 것이다. 따라서 위험성이 높은 흑연감속재형 원자로를 경수로로 전환해줄 것을 권고했고, 북한 측은 서방 측이 경수로 기술을 제공해줄 경우 그렇게 하겠다고 긍정적 반응을 보였다고 한다.

한 걸음 더 나아가, 북한은 경수로 기술을 제공해줄 경우 서방 측이 의심하고 있는 재처리 시설을 포기하겠다는 의사를 밝힌 바 있는 데, 이것은 북한이 경수로 및 안전성문제를 부각시켜 무기 제조용 플루토늄을 추출할 목적으로 건설하고 있던 재처리 시설의 본질을 은폐하려는 전술의 일환이라는 것이 권위 있는 전문가들의 견해였다.

북한은 모든 핵관련시설을 IAEA에 신고한 목록에 포함시키지는 않았다. 그동안 북한이 핵관련시설에 대한 IAEA사찰을 지연시켜왔던 사실과 본격적인 대규모 재처리시설 건설 이전에 소규모 실험시설을 보유했을 가능성 등을 고려해 본다면 북한이 핵무기를 제조하는데 필요한 핵심시설과 물질을 신고에서 제외시켰을 뿐만 아니라 일부는 다른 곳으로 옮겼을 가능성을 배제하기 어렵다.

한편 IAEA의 임시사찰에서 북한이 최초에 보고하지 않은 시설 2곳이 밝혀졌다. 방사성 동위원소 생산시설과 우라늄 농축시설이 그것이다. IAEA가 요구하여 이들 시설을 방문한 결과, 방사성 동위원소 생산시설에는 플루토늄 생산을 위한 핫셀Hot Cell을 가지고 있다는 사실이 드러났으며, 우라늄 농축 시설에서는 우라늄을 농축하는 데 기초적인 이산화우라늄이 발견되었다. 따라서 북한이 IAEA에 신고하지 않은 시설들이 더 있을 것이라고 다수의 전문가들이 말했다. 당시 스티븐 솔라즈Stephen Solaz 미국 하원 아시아·태평양 소위원장은 1992년 5월 19일 한국의 서울방송과의 대담에서 "북한의 지하에 재처리시설과 플루토늄이 은닉되어 있을 가능성이 있다"고 말했다. 또 "북한에는 1만 1천 개의 땅굴이 있으며, 여기에 플루토늄을 저장하고 핵무기 제조 시스템을 설치할 수 있다"고 릴리James Lilley 미국 국방부 차관보가 언급한 사실들은 북한이 핵시설을 다 공개하지 않았을 것이라는 반증을 더욱 굳힌 것이라고 하겠다.

북한과 IAEA 간에 북한이 IAEA에 제출한 최초 보고서의 진실성에 대해 공방이 벌어졌다. IAEA가 1992년 5월부터 1993년 2월까지

6차에 걸쳐 북한에 대한 임시사찰을 실시했다.1차: 1992. 5. 25–6. 5. 2차: 7. 8–18, 3차: 9. 1–9. 11, 4차: 11. 2–11. 13, 5차: 12. 14–12. 19, 6차: 1993. 1. 26–2. 6. IAEA는 북한이 보고한 내용과 현재의 핵물질이 일치하는가를 조사하였다. IAEA는 북한이 최초보고서에서 모든 핵물질과 핵시설을 신고하지 않았다고 판단했다. 1993년 2월 25일에 IAEA는 북한이 IAEA에 신고한 사항과 IAEA가 임시사찰 결과 발견한 사항 사이에, <표 1–2>와 같이 중대한 불일치가 있다고 주장하고 북한에 대해 특별사찰을 수용하도록 결의안을 통과시켰다. 북한은 특별사찰을 거부하고 NPT탈퇴를 선언하였다.

표1-2	IAEA가 주장한 "중대한 불일치"내용	
구분	북한 주장	IAEA 주장
Pu 추출량	90g	수kg
Pu추출시기	1회(1990)	3회(1989, 1990, 1991)이상
Pu추출출처	손상된 사용후 연료봉	사용후 핵연료
미신고시설(2개소)	군사기지	핵폐기물 저장소

그러면 김일성 시대에 미사일은 어떤 과정을 거쳐 발전해 왔는가? 북한은 1976년부터 미사일 개발에 착수했다. 자세한 사항은 뒤에서 설명하겠지만, 1980년대와 1990년대 초반에 북한은 미사일 개발에 박차를 가하여 한반도는 물론 일본을 포함한 지역까지 사정거리에 넣게 되었다. 북한은 1961년 인민무력부 총참모부에 핵화학방위국을 창설하고 화학·생물학 분야 전력 증강을 시작했다. 핵화학방위국 속에는 총괄 지도부와 7개부서가 있었는데, 55연구소, 710연구소, 398연구소를 설치했다. 소위 "빈자들의 핵무기"라고 불리는 화학무기 개발에 성공했고, 생물무기도 개발했다.

김정일 시대의 핵개발: 비핵화 협상과 핵억제력의 가시화 병행 전략

김정일 시대는 1994년 김일성 사망 이후 공식적으로 시작되었다. 하지만 북한의 핵무기 개발 프로그램은 김정일이 1980년대에 김일성의 후계자로서 등장한 때로부터 영변 핵단지를 건설함으로써 시작되었다고 볼 수 있다. 영변 핵단지의 입구에 박힌 표지판에 "우리 과학자들은 자체의 힘으로 원자력을 능히 개발하고 운영할 수 있다는 주체적 혁명정신을 가지고 과학연구사업을 해야 합니다"라고 1980년대에 이미 김정일 명의로 훈시문을 쓰고 김정일의 초상화를 영변 핵단지 앞에 세워 놓았다. 즉 김정일의 지시 하에 영변핵단지를 건설하고 운영해 왔으며, 1990년대 초반에는 플루토늄 재처리까지 해서 무기급 플루토늄을 확보해 놓았다. 1991년 말부터 1992년 말까지 남북한 핵협상을 진행했고, 1993년에 김정일의 주관하에 NPT탈퇴 선언을 하였고, 1993년에서 1994년까지 북미 제네바회담을 하였던 것이다.

김정일에게 닥친 문제는 북한체제가 죽느냐 혹은 사느냐에 대한 체제 생존의 문제였다. 김정일은 김일성 시대의 말기부터 구소련과 동구 공산권이 멸망한 이유를 "사회주의 국가의 군대가 비사상화, 비정치화 되어서 자본주의와의 대결에서 사회주의 체제를 지킬 수 없어 붕괴했다고 보고, 우선 군대가 혁명의 주력부대가 되어서 국가의 수뇌부를 사수해야 체제를 수호할 수 있다"고 주장하면서 선군정치를 내세웠다. 1994년에서 1997년까지 지속된 경제난과 식량난 때문에 발생한 소위 "고난의 행군"도 하나의 큰 과제가 되었다. 고로 선군정치란 "소련과 동구 공산권을 무너뜨린 제국주의와의 치열한 대결에서 노동자계급이 아닌 군대가 혁명의 주력군, 수령을 결사옹위하는 선봉장이 되어 사회주의를 수호해야 한다"는 것이었다.

김정일이 진두지휘하여 선군정치를 수행할 수 있도록 1998년 9월에 있은 최고인민회의 제10기 1차회의에서 헌법 개정을 통해 주석제를 폐지하고, 김정일을 국방위원회 위원장에 추대하고, 김정일이 전권을 행사하였다. 그리고, 선군정치에서 핵심적인 요소가 "국방분야에 우선적으로 투자를 해서 군사강국을 이룩하고 막강한 군력을 갖추는 것"이었는데, 이중 핵심적 요소가 핵무기 개발이었음은 두말할 나위가 없다. 그러나 1994년 10월 21일 북미 제네바 협상에서 채택된 제네바합의가 시행되고 있었기 때문에, 핵개발은 공개적으로 실시하지 못하고 비밀리에 계속하였다. "북한이 제네바합의에 이르게 된 이유는 위기에 빠진 북한경제에 가장 필요한 중유를 미국이 제공하고, 과거 핵에 대한 특별사찰을 요구하지 않았기 때문"이라고 한다.

또한 김정일은 점점 벌어지는 남한과의 국력 격차를 회복할 길이 없고 그로 인한 재래식 군사력의 약화를 상쇄하기 위해 비대칭 군사력인 핵과 미사일 개발에 주력할 수밖에 없었다. 소련의 붕괴와 중국의 '두 개의 한국' 인정 등은 북한을 전통적 동맹국들로부터도 소원하게 만들었으므로, 북한을 자주적으로 보호할 책임을 맡은 김정일은 정권안보와 안보동기에서 핵개발을 계속했다고 볼 수 있다. 강대국과 비대칭 동맹 관계에 있는 약소국이 핵무기 개발 결정을 할 때에는 강대국인 동맹국에게 안보를 의존할 것인가 혹은 자주적으로 안보를 확보할 것인가 비교검토하게 되는데, 자주적인 안보 방식을 선택한 김정일은 핵무기 개발을 추진하는 것 외에 다른 방법이 없다고 생각했을 가능성이 있다.

그러나, 샐리그 해리슨Selig S. Harrison 또는 레온 시갈Leon Sigal 같은 미국의 전문가들은 북한이 한반도비핵화공동선언에 합의하기 직전인 1991년 12월 북한노동당중앙위원회에서 핵개발 중단 결정을 내렸다고 주장했다. 하지만 1997년 2월에 한국으로 귀순한 전 북한노동당 국제담당비서였던 황장엽씨는 "북한은 핵개발 포기를 공식적으로 결정한 일이 없다"고 말했으며, 많은 북한 전문가들도 북한이 공식적으로 핵포기를 선택한 적은 없다고 본다.

제네바합의 이후 미국 클린턴 행정부가 북한에 대해 우호적인 태도를 보이고 있었음에도 불구하고, 김정일은 미국을 비롯한 서방 강대국의 북한 붕괴 공작의 가능성에 더 큰 우려를 보이면서, 1990년대 중반기에 이르러 "반제군사전선이 혁명의 기본전선으로 된 격변하는 정세 속에서 선군후로의 원칙을 세우고 군대를 당과 국가의 전면에 내세워 선군정치를 전면적으로 실시해 나갈 것이다"고 선포하고, 대내단결을 도모하면서 비밀리에 핵개발을 계속하고 있었던 것으로 드러났다.

제네바합의에도 불구하고, 김정일의 군사우선 사상과 군사우선 노선은 변함이 없었으며, 체제안보와 대내결속을 달성하기 위해 비밀리에 우라늄탄 개발 루트를 개척하였다. 1993년 북한을 방문한 부토 파키스탄 대통령은 김정일에게 우라늄농축 프로그램의 설계도를 전달한 것으로 알려졌다. 1998년 파키스탄 원자력의 아버지 압둘 카디르 칸Abdur Quadeer Khan박사가 우라늄농축용 원심분리기를 제공하였고, 1999년에는 북한을 방문하여 북한에서 3개의 원자탄을 본 적이 있다고 고백했다.

한편 김정일은 중장거리 미사일 개발을 시작했다. 북한이 1998년 8월 30일 대포동 1호 미사일을 발사하자 한반도에 위기가 다시 고조되었다. 북미 미사일 회담 이후, 페리보고서가 채택되었다. 1999년 매들린 올브라이트Medeline Albright 미국 국무장관이 평양을 방문, 김정일과 회담을 가졌다. 이때 올브라이트 장관이 "북한은 미사일 실험을 중지해야 한다"고 요구하자, 김정일은 "이미 배치된 미사일은 어떤 미사일 합의에도 포함될 수 없다"고 못 박았다고 한다. 즉, 합의에 포함되지 않은 사항이거나 북한이 이미 개발한 핵과 미사일은 향후 합의가 제한해서는 안 된다는 것을 확실하게 말해주는 것이다. 김정일의 장거리 미사일 개발의지가 확고했던 것은 1999년에 전략로켓군을 창설한 사실에서도 나타난다.이것은 철저히 비밀에 부쳐오다가, 2016년 7월 김정은이 전략사령부를 방문시에 로동신문을 통해 공개하면서 드러났다. 김정일이 전략로켓군을 창설하여 관련 무기와 전술을 개발하기 시작한 데서 북미 핵회담과 미사일회담을 어떻게 활용하고 있었는가를 짐작하게 한다.

　김정일은 북핵 개발의 핵심적 부분에 대해서는 외부의 접근을 절대로 금지시켰다. 핵개발에 핵심적인 기술적 조건과 능력이 갖추어질 때까지 협상으로 시간을 벌고, 국제사회가 북한에 대해 더 이상 압박을 하지 못하도록 총력을 기울였다. 그러다가 김정일은 미국 측의 제네바합의 이행상태가 지지부진하고, 경수로 건설이 원래 약속보다 지연되고 있으며, 북한의 플루토늄탄 제조과정과 시설에 대한 미국의 사찰 요구의 시기가 가까이 다가오는 것을 보고, 우라늄농축공정을 가속화시킴으로써 우라늄탄 개발 능력을 증강시켜 갔다. 그 이유는 북한의 선군정치를 담보할 무력은 핵과 미사일이라고 보고, 김정일이 "선군정치는 미제국주의 호전세력을 제거하고 핵전쟁 재난을 면하기 위해 북한이 막강한 전쟁억제력, 군사적 타격력을 갖추는 것"이라고 주장했으며, "이것이 조국의 통일을 담보하고 온 세계의 자주화를 실현해 나갈 수 있는 만능의 보검을 갖추는 것"이라고 한 데서, 북한이 핵무기를 필수불가결의 요소로 보고 있는 것으로 나타났다.*

---

* 김현환, 『김정일 장군 정치방식 연구』 평양출판사, 2002, pp.229.

북한이 비밀리에 우라늄탄을 개발하고 있다는 의혹을 가진 미국의 부시George W. Bush 행정부는 2002년 10월 3일 제임스 켈리James Kelly 국무부 동아태차관보를 특사로 평양에 파견했다. 북한에게 "왜 고농축우라늄을 비밀리에 개발하고 있는가?" 하고 따지자, 북한의 강석주 외교부 부상이 이를 시인하게 되면서 북한의 비밀 핵개발 의혹은 사실로 드러났다. 그러나 북한 당국은 "미국이 북한에게 우라늄 농축에 의한 비밀 핵무기 계획을 추진하고 있다고 하면서 도발적으로 걸고 들면서 강박하기에, 미국의 압살위협에 대처하여 자주권과 생존권을 지키기 위해 북한은 핵무기는 물론 그보다 더한 것도 가지게 되어 있다는 것을 명백하게 말해주었다"고 하면서 비밀 우라늄 농축 계획을 부인하려고 애쓰기도 했다.

북한의 비밀 우라늄 농축계획에 대해 확신을 가진 부시행정부는 2002년 11월 14일에 북한에게 제공하는 중유 50만 톤을 12월부터 중단한다고 발표했다. 북한은 12월에 "미국이 중유를 제공하는 것을 전제로 핵동결을 해왔는데, 미국이 중유 제공을 중단했으므로 모든 핵동결을 해제한다"고 선언했다. 그리고 모든 핵시설을 재가동시키고 건설을 재개하였다.

그리고 미국의 부시행정부가 제네바합의를 파기시키겠다는 발언을 하자 곧 2003년 1월에 NPT를 탈퇴한다는 선언을 하고, 2월부터 북한이 비밀리에 추구해 오던 농축우라늄 계획을 공식화시키고, 다른 한편으로는 깨어진 제네바합의를 빌미로 플루토늄 핵개발을 재개 한다고 선포했다. 이것은 이미 개발되어 있던 플루토늄탄의 숫자를 증가시키고 우라늄탄을 제조하기 위한 것이었다.

그리고 6자회담이 시작되자 북한은 미국과 단독회담을 갖기 위해 미국회담대표에게 "북한은 미국을 공격할 핵무기가 있다"는 식으로 압박을 넣기도 했다. 김정일 정권이 그동안 일면 미국과 협상, 일면 비밀 핵개발을 진척시켜 오던 데서 핵개발을 공개적으로 밝히고 핵억제력 가시화 정책을 추진하게 된 것은 미국의 이라크 공격이 큰 영향을 끼친 것으로 보아도 무방하다.

2003년 4월 미국의 이라크 공격에 대한 논평을 하면서 북한 외교부 대변인은 "이라크 전쟁은 전쟁을 막고 나라의 안전과 민족의 자주권을 수호하기 위해서는 오직 강력한 물리적 억제력이 있어야 한다는 교훈을 주고 있다"고 하면서, 북한이 핵억제력을 보유하고 있음을 은연중에 내비치기도 했다. 이어서 동년 6월 18일에 북한 외무성 대변인은 "우리는 날로 그 위험성이 현실화되고 있는 미국의 대조선 고립압살 전략에 대처한 정당방위로서 우리의 자위적 핵억제력을 강화하는 데 더욱 박차를 가할 것이다"고 선언함으로써 북한이 핵억제력을 공식적으로 추구하고 있음을 최초로 밝혔다. 그전 까지는 그냥 억제력, 강력한 억제력이라고 사용하였는데, 북한이 핵억제력을 공식적으로 언급한 것은 이번이 처음이었다. 때마침 6자회담이 개최되고 있던 터라, 북한 외무성은 협상을 통한 해결도 강조했다. "미국이 6자회담에서 "CVID완전하고 검증가능하고 불가역적인 핵폐기를 요구하고 있는데 이것을 철회하는 것을 전제로 북한도 핵을 동결하고 핵무기를 더 만들지도 시험하지도 않겠다"고 하면서, 그 앞에서 말한 핵억제력 강화방침을 완화시키는 발언도 했다.

이즈음 북한은 미국의 차기 대통령 선거에서 대북한 강경정책을 구사하는 부시정권이 민주당으로 교체되기를 바라면서, 6자회담에서 아무런 조치를 취하지 않았다. 그러다가 2005년 1월에 제2기의 부시행정부가 대북한 강경정책을 계속해 나가자, 6자 회담을 통해서는 얻을 것이 없다고 판단한 나머지 미국의 기선을 제압하기 위해 2005년 2월에 "핵억제력 보유 선언"을 했다. 이에 의하면, "미국이 핵몽둥이를 휘두르면서 우리 제도를 없애버리겠다는 기도를 명백히 드러낸 이상, 우리 인민이 선택한 사상과 제도를 지키기 위해 핵무기고를 늘이기 위한 대책을 취할 것이다. …… 선의에는 선의, 힘에는 힘으로 대응하는 것이 선군정치다. …. 우리는 이미 부시행정부의 증대되는 대조선 고립압살정책에 맞서 NPT를 탈퇴하였고, 자위를 위해 핵무기를 만들었다. 우리의 핵무기는 어디까지나 자위적 핵억제력으로 남아 있을 것이다."라고 선언했다. 이를 정당화시키기 위해 한국에 대한 미국의 핵우산을 트집 잡기도 했다. "남한이 미국의 핵우산 밑에 있는 조건에서 북한이 핵무기를 가지는 것이 오히려 한반도에서 전쟁을 막고 평화와 안전을 보장하는 기본 억제력으로 된다.북한 외교부 성명. 2005.3.31."라고 부연설명했다. 그리고 9.19 공동성명이 합의되기 전인 7월 말에 "앞으로의 6자회담은 북한의 핵보유국 지위를 인정하는 바탕 위에서 핵군축회담으로 운영되어야 할 것"이라고 강조한 바 있다.

북한은 이라크 전쟁시 미국 중앙정보국의 비밀보고서를 보았다고 주장하면서 "이라크가 패배한 원인은 군대와 인민의 사상적 무장 해제, 미국이 심리전을 전개하여 이라크의 국가지도부를 타격함으로써 이라크의 군대와 인민이 사상적으로 무장 해제된 것"이라고 규정하면서 북한은 인민군대가 혁명의 수뇌부를 보위하는 것을 제일의 사명으로 삼아야 한다고 주장했다.

2005년 9.19 공동성명에도 불구하고, 북한은 핵개발을 계속하였다. 9.19 공동성명 하루 뒤에 미국의 재무성이 북한의 불법 계좌가 마카오의 BANCO DELTA ASIA에 있는 것을 발견하고 그 계좌를 동결시켰다. 북한은 이 계좌의 동결을 해제하지 않으면 6자회담에 참석할 수 없다고 거세게 나왔다. 그리고는 2006년 10월에 첫 핵실험을 감행했다. 목표는 4kt 효력을 발생시키는 것이었으나, 1kt 이하로 그쳤다. 외부에서는 실패로 끝났다고 평가했으나, 북한 내부의 평가는 핵무기의 소형화에 성공했다는 것이었다.

2006년 10월 3일 핵실험 예정 선언에서로동신문 2006.10.4. 북한 외교부 성명으로 "미국의 핵전쟁 위협과 제재압력 소동에 대처하여 국가의 자주권과 민족의 존엄을 수호하기 위해 과학연구부문에서 안전성이 담보된 핵실험을 하게 된다"고 선언했다. 그리고 "북한의 핵실험은 방어용 목적이고 미국에 대한 핵억제력 확보가 목적이며, 핵의 선제사용은 없고 핵무기를 통한 위협과 핵의 이전은 없을 것이다"라고 하면서 핵억제력 확보가 목적이고, 핵확산은 없을 것이라고 강조했다. 이를 두고 국내와 국제사회에서 북한이 실제로 핵실험을 할 것인가에 대해 많은 논란이 있었다. 대부분의 학자와 전문가들은 "미국을 향해 말로만 협박하는 것"이라고 평가했다. 필자는 북한이 7일 이내에 핵실험을 실시할 것이라고 판단했다. 왜냐하면 북한 측의 성명문은 1964년 10월 중국이 핵실험할 때 선포했던 대외성명을 원용하여 "북한의 핵실험은 비핵화와 세계적인 핵군축과 궁극적인 핵폐기를 추동하기 위한 목적"임을 덧붙이고 있으며, 인도의 핵실험 성명문을 원용하여 "핵선제 불사용"도 밝히고 있는 등 매우 폭넓은 연구에 바탕하여 성명문을 작성했다고 판단한 때문이다.

또한 김정일의 제1차 핵실험으로 북한핵은 돌아올 수 없는 강을 건넜다는 것이 증명되었다. 김정일이 1990년대에 선군정치를 제시할 당시에 "북한이 없는 지구는 존재할 필요가 없으며, 북한이 망하게 되면 세계와 함께 자폭하겠다"는 말을 한 적이 있는데, 북한의 핵보유는 바로 이러한 수단을 가지게 됨을 의미하였다. 북한은 제1차 핵실험 후 평양 시내에서 10만의 군중을 동원하여 자축연을 벌였는데, 시내 곳곳에 걸린 현수막에는 "세계적인 핵보유국의 위업을 일떠 세운 김정일 장군"이라는 구호가 있었다. 이것으로 보아 북한의 김정일은 핵보유로 국제적 위신이 향상되었고, 김정일의 정권안보가 확고하게 되었다는 것을 선포할 목적인 것으로 파악되었다.

그림1-1 | 북한의 제1차 핵실험 직후 평양의 거리에 있는 현수막 (2006.10.10)

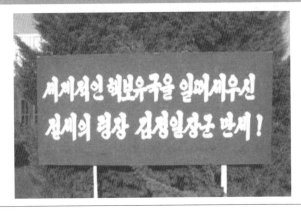

그러나 김정일 정권은 북한의 핵실험을 로동신문 한 페이지의 1/10 크기로 작게 보도했다. 이것은 아직도 북한이 공개적으로 핵무기 국가로 매진한다는 인상을 주지 않기 위해서였다고 해석해 볼 수 있다. 핵보유국이 되었다는 것에 무한한 자부심을 느끼면서 대내용으로 군중환영대회를 개최하였다. 위의 사진을 보면, 김정일이 국제사회의 북한 핵 반대 입장에도 불구하고, 핵보유국의 지위를 갖게 된 것에 대해 큰 자부심을 강조하면서 북한 인민들의 단결을 호소하는 환영대회라는 것을 알 수 있다. 2006년 10월 10일 로동신문에서 "2006년 10월 9일 지하핵시험이 안전하게 성공적으로 진행되었다. 핵시험은 100% 우리 지혜와 기술에 의거하여 진행된 것으로, 자위적 국방력을 갖추는데 기여할 것이며, 한반도와 주변지역의 평화와 안정을 수호하는 데 이바지할 것이다"라고 간단하게 소개하고 있다.

이후에 북미간의 대결이 격렬해지자, 미국은 한 발 양보했다. 방코델타아시아의 동결 계좌를 해제하겠다고 북한에 통보하고, 지금까지 금기시해 왔던 북미간의 직접 접촉을 통해 북한의 핵개발을 저지시키려고 시도했다. 그 결과 6자회담이 재개되어 2017년 2월 13일 북한은 영변 핵시설의 폐쇄 및 봉인 조치에 합의했다. 그러나 북한은 폐쇄 및 봉인을 제네바합의에서 약속했던 동결freezing 정도로만 간주했다. 북한의 비핵화를 촉진하고자 더 접촉을 가지고 10월 3일 10.3 합의에 이르렀다. 10.3 합의에서도 영변의 핵시설의 불능화disabling를 영문본으로 약속했지만, 북한 내부의 한글 문서들은 불능화를 "가동중단"이라고 번역하고 가동중단 이상의 조치는 하지 않았다. 북한은 핵폐기는 안되고, 과거의 핵개발 흔적을 발견할 수 있는 시료채취와 검증은 불가능하다고 주장함으로써 6자회담은 결렬되었다. 그동안 북한은 비밀 핵개발을 가속화했다. 우라늄농축시설을 더 가동했던 것이다.

2009월 1월 13일자 로동신문에서 "미국의 핵위협이 제거되고 남조선에 대한 미국의 핵우산이 없어질 때에 가서는 우리도 핵무기가 필요없게 될 것이다. 미국의 대조선 적대시 정책과 핵위협의 근원적인 청산없이는 100년이 가도 우리가 핵무기를 먼저 내놓는 일은 없을 것이다"라고 하면서 김정일은 핵개발 의지를 계속 견지했다.

2009년 5월 25일 행한 김정일의 제2차 핵실험은 북한이 핵보유국으로 가는 분수령이었다. 먼저 중국을 비롯한 세계는 김정일의 핵실험 동기를 매우 의아하게 생각했다. 왜냐하면 오바마 미국 대통령이 2008년 대통령 선거 운동 기간 중에 김정일과 대화할 예정이며 북핵 이슈를 대화를 통해 다루겠다고 언급한 적이 있기 때문이다. 많은 해외 전문가들은 김정일이 무슨 국내 사정이 있어서 핵실험을 거행했을 것으로 해석한 적이 있다. 필자는 "2008년 8월 김정일이 심장쇼크로 쓰러진 후 병상에서 곰곰이 생각했을 것으로 본다. 김정일의 집권 14년 동안 핵무기 개발 빼놓고는 변변한 정치적, 경제적 업적이 없다. 죽기 전에 핵무기 개발을 성공시켜 놓아야 하겠다"라고 생각했을 가능성이 크다고 보았다. 그래서 핵실험을 서둘렀고, 이번에는 성공이었다.

제2차 핵실험이 성공하고 난 후 2009년 5월 26일자 로동신문에서 상당히 작은 박스기사로 "2009년 5월 25일 또 한 차례의 지하핵시험을 성과적으로 진행하였다. 이번 핵시험은 폭발력과 조종기술에 있어 새로운 높은 단계에서 안전하게 진행되었고, 핵무기의 위력을 더욱 높이고 핵기술을 지속적으로 발전시킬 수 있는 과학기술적 문제를 해결하였다. 핵시험은 선군의 위력으로 나라와 민족의 자주권과 사회주의를 수호하며, 한반도와 주변지역의 평화와 안정을 보장하는데 이바지할 것이다"라고 선포했다. 그다음 해에 아마도 제1차 군수공업대회를 개최하고 핵실험의 성공을 자축하면서 평가회의를 개최하고 계속 핵개발을 재촉했을 것으로 보인다. 왜냐하면 2017년 9월 제6차 핵실험 직후, 김정은이 제8차 군수공업대회를 개최하고 과학자들과 기술자들을 표창한 사실에서 북한은 제1차 군수공업대회를 2010년에 개최했으며, 그때부터 제7차 군수공업대회까지를 비밀리에 개최했음을 짐작할 수 있다

이러한 표현은 선군정치에 근거하여 핵무력이 바로 선군의 위력이며, 북한의 생존을 담보하는 정권안보, 체제안보 차원에서 핵을 개발하고 있음을 재확인한 것이다. 아직까지 미국을 상대로 핵무기와 미사일로 싸워보겠다는 의지는 나타내지 않았다. 즉, 방어 내지 억제력 차원에서 핵을 개발하고 있으며, 미국 본토나 하와이를 공격할 공격용 및 전쟁용 핵무기개발은 아직 하지 않고 있음을 나타낸 것이라고 볼 수 있다.

김정은 시대: 핵보유국 지위 영구화 및 미국과의 핵대결 시대

김정은은 김정일로부터 실험에 성공한 플루토늄탄, 제조과정에 있는 우라늄탄, 개발 중인 중장거리 미사일능력을 물려 받았다. 김정일 시대에 이미 실시한 핵실험과 미사일시험으로 인해, 유엔제재를 받고 국제적으로 고립되어 있는 환경 속에서, 젊은 나이에 지도자로 등장한 김정은은 정권의 정통성 부족과 리더십의 허약성, 피폐한 국내 경제, 미국을 비롯한 국제사회의 대북한 경제제재와 압박 등, 대내외의 큰 도전요소를 극복함으로써 강력한 지도자상을 보여줄 필요가 있었다. 이러한 도전에 대하여 김정은은 정권을 조기에 안정시키고, 국제적 압박 속에서 북한의 국제적인 위상을 크게 높일 뿐만 아니라 불리한 한반도와 동북아 질서를 일거에 뒤집어엎기 위해서는 핵과 미사일 능력을 고도화 시킬 수밖에 없다고 결심했을 것이다.

김정일 시대에 이미 핵억제력이 가시화되었으므로, 김정은은 북한의 핵보유국 지위를 영구화하고, 핵과 미사일을 최대한 발전시켜서 미국과 단독으로 대결할 수 있는 핵과 미사일 능력을 갖추고 미국을 핵미사일로 위협하게 되면, 미국을 한반도로부터 철수시킬 수 있는 조건을 만들어 낼 수 있다고 간주했다.

즉, 미국과 한판 겨루어서 미국을 한반도에서 밀어 내고 한국과 단독으로 대결하여 승리할 수 있다는 잘못된 판단을 가지고 핵과 미사일을 계속 개발하고 있는 것이다. 이것은 북한이 5차례의 핵실험을 마치고 난 후 미국에 대해서 언급한 내용인데, 이것을 보면 김정은의 핵정책과 전략구상이 드러난다.

"미국은 핵강국의 전열에 들어선 북한의 전략적 지위와 대세의 흐름을 잘 인식하고, 대조선 적대시 정책을 철회해야 하며, 정전협정을 평화협정으로 바꾸고, 남한에서 침략군대와 전쟁장비를 철수시켜야 한다. 남조선 당국을 동족대결로 부추기지 말고, 조선반도문제에서 손을 떼어야 한다. 남한은 정치군사도발과 전쟁연습을 전면 중지해야 한다.김정은: 조선로동당 제7차대회에서 한 중앙위원회사업총화보고, 2016.조선로동당출판사. p.82."

이것은 국제정치학자들이 지적한 바와 같이, 핵무기의 목적이 억제용을 넘어서 한반도의 현상변경을 위한 것으로 바뀌고 있음을 실증하고 있다. 북한이 핵무기 사용을 위협함으로써 미국의 동맹국인 한국을 강제와 강압을 행사함으로써 한국과 미국을 상호 분리시키고, 미국을 한반도에서 손 떼게 만들려는 의도라고 해석된다.

아울러 김정은이 정권을 조기에 안정시키기 위해서, 김정일 시대에 선군정치의 덕분에 기득권이 된 군부 세력과 김정은의 정권을 위협할 수 있는 경쟁자 그룹인 장성택을 비롯한 고위간부들을 숙청하기 시작했다. 이 대내 숙청작업에도 핵 및 미사일 개발 가속화의 논리를 활용했다. 즉, 미국과의 대결을 위해 핵과 미사일 개발을 다그치는 김정은의 정책노선에 조금이라도 반대하거나 유보적 태도를 보이는 친중 개혁파의 거두인 장성택을 숙청하고, 김정일의 최측근이었던 군부 실세인 리영호, 현영철 등을 제거하였다. 또한 핵과 미사일 실험 실패의 책임을 물어 핵과 미사일 책임자들을 문책하기도 하였다.

그리고는 2012년 4월 조선로동당 중앙위원회에서 김정은이 "선군혁명로선을 틀어쥐고 나라의 군사력을 강화시키자. 선군은 자주, 존엄, 생명이며, 제국주의자들로부터 자주권, 생존권을 지키는 것이다. 그러기 위해 군력을 강화하고 국방공업을 주체화하고 현대화하며, 과학화 시키자"고 하면서 핵을 비롯한 미사일, 군사력 강화를 밀어붙였다.2012.조선로동당 중앙위원회 담화. 2012.4.6.

2012년 12월 12일 인공지구위성 은하-3호_{대포동 2호}를 성공적으로 발사했다고 자랑하면서 2013년 신년사에서 김정은은 우주과학기술과 종합적 국력을 세계에 과시한 것을 자랑으로 삼고, "우주의 평화적 이용" 명분 아래 미사일 개발을 가속화하겠다고 선포했다.로동신문 2013.1.24. "미국의 제재압박 책동에 대처하여 핵억제력을 포함한 자위적 군사력을 질량적으로 확대 강화해 나갈 것"이라고 선포하고, 미국과 주변 동맹국들에 대한 위협을 가시화했다. 그리고 "6자회담 9.19 공동성명은 사멸되고 한반도 비핵화는 종말을 고했다고 선언했다.로동신문 2013.1.24."

그리고 2013년 2월 12일에 제3차 핵실험을 하였다. 다음 날, 핵실험 성공이 로동신문의 헤드라인을 장식하게 된다. 김정은 시대에는 모든 신문과 방송에서 핵실험과 미사일 시험을 가장 큰 커버리지로 보도하고 있다. 제3차 지하 핵시험을 성공적으로 진행했다는 조선중앙통신사 보도를 인용한 기사 제목 아래에 "핵시험은 북한의 평화적 위성 발사 권리를 침해하고 있는 미국의 적대행위에 대해서 북한의 안전과 자주권 수호를 위해 실시한 것"이라고 변명하면서, "이전과 달리 폭발력이 크면서도 소형화, 경량화된 원자탄을 사용해서 성공적으로 시험을 했으며, 원자탄의 작용 특성과 폭발 위력 등 모든 측정결과들이 설계값과 완전히 일치했다"고 언급했다. 여기서 소형화, 경량화된 원자탄에 더하여 다종화된 핵억제력이란 표현이 처음 나왔다. 북한 외무성 성명을 보면, "우리의 핵억제력은 이미부터 지구상 어느 곳에 있든 침략의 본거지를 정밀타격하여 소멸시킬 수 있는 신뢰성있는 능력을 갖추고 있다"고 선전하고 있다. 그러면서 미국의 핵선제타격에 맞서서 핵억제력을 구비하는 것은 정당 방위조치임을 강변하고 있다. 미국이 제재조치에 앞장서고 선박검색, 해상봉쇄 등을 하면 이것을 "전쟁행위로 간주하고 보복타격을 가할 것"이라고 엄포놓고 있다.

제3차 핵실험을 성공적이라고 평가한 김정은은 2013년 3월 31일 조선로동당 중앙위원회 전원회의에서 다음과 같은 결론을 발표한다.

2013. 조선로동당출판사

"경제건설과 핵무력건설을 병진시켜 나갈 데 대한 중요한 문제"라는 표제 하에, "김일성과 김정일의 불멸의 핵강국 건설 업적을 옹호 고수하고 빛내며, 사회주의 강성국가 건설을 앞당겨 실현한다. 자위적인 핵보유를 영구화한다. 핵약화는 절대로 안된다. 주체적인 원자력공업도 끊임없이 발전시켜야 한다. 반미대결전도 경제강국 건설도 핵무력의 토대위에 한다. 세계는 북한의 위성과 핵강국도 두려워하지만, 경제강국 건설을 더 무서워한다."

이것이 소위 말하는 "경제핵 병진 노선"이다. 이것은 핵개발이 성공했으니 이제 경제발전도 신경 쓰겠다는 뜻이다. 대외 경제제재로 인해서 경제발전이 여의치 않자, 중국과의 거래를 증가시켰다. 이에 대해 3월 중순에 미국의 오바마 대통령이 북한의 핵협박을 억제하기 위해 B-2, B-52, 항공모함 등을 한국으로 전개하여 무력시위를 벌였다. 3월 29일에 북한은 김정은이 주재한 전략로켓군 화력타격임무 작전회의에서 워싱턴, 하와이, 플로리다, 캘리포니아 4개 지점을 목표물로 선정하여 미국 본토를 직접 핵공격하는 지도를 보여준다. 이것은 김정일 시대 미국의 핵공격에 대해 응징보복을 가하겠다는 위협을 함으로써 미국의 공격을 억제시키려는 데서 한 발 더 나간 핵협박을 한 것이다. 이와 같이 핵무장력은 북한에 대한 침략과 공격을 억제 격퇴하고, 침략의 본거지들에 대한 섬멸적인 보복타격을 가하는 데에 복무한다고 함으로써 미국의 본토와 태평양 지역과 일본에 있는 미군기지에 대한 타격 가능성을 시사함으로써 북미 간에 위기가 한층 고조된다.

2013년 4월에 북한은 '자위적 핵보유국의 지위를 더욱 공고히 할 데 대하여이하 핵보유국법'을 제정하고 핵보유국 지위의 영구화를 시도하였다. 그 내용은 (1) 김일성과 김정일이 구현해 온 '경제와 국방 병진노선'을 계승·심화·발전 (2) 핵무기는 정치적, 경제적 흥정의 대상이 아니라 어떠한 이유로도 포기할 수 없는 생명줄 (3) 세계의 비핵화가 실현될 때까지 핵무력을 질량적으로 확대강화 (4) 군사력과 작전의 중추로서 핵무력의 전투준비태세 완비 (5) 국방비를 추가적으로 늘리지 않고도 전쟁 억제력과 방위력의 효과를 결정적으로 높임으로써 경제건설과 인민생활향상에 힘을 집중할 수 있는 방도 (6) 주체적인 원자력 공업에 의거하여 핵무력을 강화하는 동시에 전력문제를 풀어나갈 수 있는 합리적인 노선이라는 것이다.조선중앙통신. 2013.3.13.

그리고 동 법령의 5조에서 핵무기 운용 방향을 밝혔는데, "적대적인 핵보유국과 야합하여 북한을 반대하는 침략이나 공격행위에 가담하지 않는 한 비핵국가들에 대해서 핵무기를 사용하거나 핵무기로 위협하지 않는다"고 언급했는데, 이것은 NPT상의 핵보유국이 비핵보유국에 제공하는 소극적 안전보장을 흉내내고 있다. 그러나 이것은 핵보유국가미국와 동맹을 맺은 국가한국과 일본에 대해서는 동맹을 유지하고 있는 한, 이들에 대해 핵공격을 할 수 있음을 내비친 것으로서 일반적인 "핵선제불사용"이 아니다.

이것은 김정은 정권이 핵보유국 지위를 영구화하겠다는 선언문이며, 결코 포기하지 않겠다는 결의라고 볼 수 있다. 만약 미국이 북한을 핵보유국으로 인정한다면 미국과 동일한 지위를 갖고 핵국끼리 핵군축 회담을 갖겠다는 것을 의미한다.

그리고는 2016년 1월 6일에 제4차 핵실험을 실시한다. 다음 날 로동신문 1면부터 6면까지를 전부 다 할애하여 김정은 사진과 함께 첫 수소탄 실험이 성공리에 끝났다고 보도하고 있다. 또한 처음으로 김정은이 이 실험계획을 승인하면서 스스로 당중앙이라고 지칭하고 있으며, 신문에는 "조선로동당이 전략적 결심"에 따라 핵실험을 진행하였다는 것을 밝히면서, 소형화된 수소탄 시험이 완전 성공했다고 자평하고 있다. "미국을 위주로 가중되는 국제적 핵위협과 공갈로부터 나라의 자주권과 민족의 생존권을 수호하고 한반도의 평화와 동북아 지역의 안전을 위해 실험을 거행했음"을 밝히고 있다.김정은 조선로동당 제7차대회에서 한 중앙위원회 사업총화보고(조선로동당출판사, 2016) 2016년 중반에, "북한은 핵무기연구부문에서 3차례의 지하핵시험과 첫 수소탄시험을 성공적으로 진행함으로써 북한이 세계적인 핵강국의 전열에 당당히 올랐으며, 미국제국주의자의 피비린내 나는 침략과 핵위협의 역사에 종지부를 찍게 한 자랑찬 승리를 이룩했다."고 자체 평가했다.

2016년 9월 9일에 제5차 핵실험을 하고, 3월과 7월에 단거리미사일 발사 훈련을 하면서 "전략군 화력 타격계획" 지도를 보여주었는데, 이에는 부산과 포항 등 미군의 증원군이 전개될 항구들이 포함되었다. 2017년 3월 준중거리미사일스커드-ER 4기 발사 훈련 당시에는 주일미군 기지들을 공격할 수 있는 미사일 부대들이 참가하였다고 강조함으로써 미국의 증원군을 공격하거나 억제할 수 있는 거부적 억제논리에 중점을 두었다. 2017년 5월, 신형 대함탄도미사일을 시험발사 하면서 미군항공모함 전단 등을 격파할 수 있다는 자세를 보였다. 다수의 중거리 미사일을 활용함으로써 복수의 미군 기지들을 동시에 핵 및 재래식으로 타격할 수 있음을 보여주는 것은 북한이 보복적 억제와 더불어 거부적 억제를 병행하여 추진하고 있는 것으로 무방하다. 이러한 사실을 볼 때에 김정은 시대는 핵억제력을 가시화했던 김정일 시대보다 한 발 더 나아가 미본토에 대한 응징 보복과 미군의 해외 기지들과 한국에 증원 전개될 미군들을 한반도에 전개되기 전에 타격하는 거부적 억제를 동시에 추구하게 되었다.

이것은 김정은이 다양하고 막강한 핵미사일 능력을 구비함으로써 핵보유국 지위의 영구화는 물론 북미 핵대결을 벌여서 미국을 강제하거나 강압하여 미국 주도의 한반도 질서를 바꾸려는 시도를 하고 있음을 말해주는 것이다.

사실을 말하자면, 북한이 핵무기를 개발했기 때문에 국제적인 제재를 받았지, 핵을 개발 안했으면 제재도 없었을 것이고, 소위 북한이 말하는 미국의 "대북한 적대시 정책"이 없었을 것이다. 북한이 북미 제네바 합의를 성실하게 이행하고 비핵화를 완전하게 했더라면, 북미 관계 정상화가 이루어지고 북미 관계 개선 과정에서 제재는 해제되고, 북한이 중국식 개혁개방을 도입했다면, 지금쯤 경제발전을 달성했을 것이다. 그러나 북한은 대를 이어서 핵개발에 주력해 왔기 때문에, 그로 인한 국제제재가 강화되고 외교적으로 고립이 심화되어 북한은 자력갱생 노력을 할 수 밖에 없었고, 자본이 부족한 북한은 경제발전을 이룩할 수 없었던 것이다.

2017년 9월 3일 북한은 수소탄 시험에 성공했다고 발표했다. 9월 4일 로동신문에서 조선민주주의인민공화국의 핵무기연구소 명의의 성명이 발표됐다. "대륙간탄도로케트장착용 수소탄시험에서 완전성공"이라고 제목을 달았으며, "우리의 핵과학자들은 9월 3일 12시 우리 나라 북부 핵시험장에서 대륙간탄도로케트장착용 수소탄시험을 성공적으로 단행하였다. 이번 수소탄시험은 대륙간탄도로케트 전투부에 장착할 수소탄제작에 새로 연구 도입한 위력조정기술과 내부 구조설계방안의 정확성과 믿음성을 검토·확증하기 위하여 진행되었다. 시험측정결과 총폭발위력과 분열 대 융합 위력비를 비롯한 핵전투부의 위력지표들과 2단 열핵무기로서의 질적 수준을 반영하는 모든 물리적 지표들이 설계값에 충분히 도달하였으며 이번 시험이 이

전에 비해 전례없이 큰 위력으로 진행되었지만 지표면 분출이나 방사성물질 누출현상이 전혀 없었고 주위 생태환경에 그 어떤 부정적 영향도 주지 않았다는 것이 확증되었다."고 발표했다.

"대륙간탄도로케트장착용 수소탄시험에서의 완전 성공은 우리의 주체적인 핵탄들이 고도로 정밀화 되었을 뿐 아니라 핵전투부의 동작믿음성이 확고히 보장되며 우리의 핵무기설계 및 제작기술이 핵탄의 위력을 타격대상과 목적에 따라 임의로 조정할 수 있는 높은 수준에 도달하였다는 것을 명백히 보여주었으며 국가 핵무력완성의 완결단계목표를 달성하는 데서 매우 의의 있는 계기로 된다."

이어서 9월 11일 평양에서 군수공업대회를 시작했다고 조선중앙통신이 12일 보도했다. 조선중앙통신은 "제8차 군수공업대회가 11일 평양에서 성대히 개막되었다"며, "대회에는 대륙간탄도로케트(ICBM) '화성-15'형 시험발사 성공에 기여한 성원들을 비롯하여 나라의 국방력 강화에 크게 공헌한 국방과학연구부문, 군수공업부문의 과학자, 기술자, 노력혁신자, 일꾼들과 연관 단위 일꾼들, 근로자들이 참가했다"고 전했다. 북한은 과거 핵·미사일 등 군수산업 분야와 관련된 내용은 공개하지 않는 경우가 일반적이었지만, 김정은 체제 들어서는 이를 공개하고 김정은의 업적으로 크게 부각하고 있다.

북한에서는 수소탄 실험 성공을 김정은의 공적으로 돌리면서 김정은의 리더십과 애국심을 선전하고 있으며, 짧은 시간 내에 대륙간탄도탄과 수소탄 개발을 성공시킨 그 업적을 군사적 기적이라고 지칭하면서 김정은을 세계적인 전략가 및 지도자로 부각시키고 있다.

그러면서 북한은 이제 세계적인 핵강국, 군사강국의 전열에 당당히 들어 섰다고 선포했다. 북한은 이를 종합적으로 표현하여, 미사일 '북극성'이 수중과 지상 임의의 공간에서 전략적 타격임무를 수행할 수 있는 핵공격 수단이 되고, '화성-12'는 대형중량 핵탄두를 장착해 태평양 전 지역을 타격권에 두는 로켓이라고 자평했다. 이어 '화성 − 14'는 수소탄을 미국의 심장부에 날려 보낼 핵운반 수단, '화성 − 15'는 미국 본토 전역을 타격할 수 있는 초대형 중량급 핵탄두 장착이 가능한 완결판 대륙간탄도미사일ICBM이라고 자랑했다.

또한 김정은 시대에 들어 특기할 만한 것은 각종 연환대회·경축대회를 통해 핵능력을 공개하고 대내외에 과시하고 있다는 점이다. 연환대회에서 제시되는 구호는 그들이 상정한 기술적 목표에 맞추어 성과를 달성하였다고 자체 평가를 하고 있으며, 이는 김정은의 북한 핵프로그램이 상당한 진전을 이루고 있다는 것을 보여준다. 제1·2차 핵실험 당시에는 군중행사만 하였으나, 제3차 핵실험 이틀 뒤인 13년 2월 14일 핵실험 관련 첫 경축행사를 "평양시 군민연환대회"라고 불렀으며, "제3차 지하 핵실험 성공을 열렬히 축하한다," "우리 당과 인민의 최고령도자 김정은 동지 만세"와 같은 구호를 내세웠다. 이후 제4차 핵실험 이틀 뒤인 16년 1월 8일 "수소탄 시험 완전성공 경축 평양시 군민연환대회"를 개최하며 "민족사적사변인 첫 수소탄 성공을 열렬히 축하한다"등의 구호를 제시하였다. 제5차 핵실험 4일 뒤인 16년 9월 13일에는 "핵탄두 폭발시험 성공을 경축하는"연환대회를, 제6차 핵실험 3일 뒤인 17년 9월 3일에는 "조선로동당의 전략적 핵무력 건설 구상에 따라 단행된 대륙간탄도로케트 장착용 수소탄 시험의 완전 성공을 축하하는 평양시 군민 경축대회"를 개최하였다.

핵실험 이외에 ICBM 발사실험 성공과 관련해서도 "지구관측 위성 광명성 4호 발사 성공을 축하하는 평양시 군민 경축 대회16년 2월 7일," "화성14형 시험발사 축하 평양시군민연환대회17년 7월 6일" 등을 개최하였으며, 화성15형 시험발사17년 11월 29일 이틀 뒤이자, 김정은이 육성으로 국가핵무력 완성을 선포한 제8차 군수공업대회동년 12월 2일 하루 전인 17년 12월 1일 "국가핵무력완성 경축 평양시 군민연환대회"를 개최함으로써, 핵탄두와 발사체 실험을 단계적·종합적으로 선전하고 과시하는 모습을 보였다.

연환대회의 대회명과 제시되고 있는 구호들을 살펴보면 북한이 어떠한 목표를 가지고 핵·미사일 개발을 추구하였는지 알 수 있다. 지하핵실험을 거쳐 수소탄 시험, 핵탄두 폭파 시험을 거쳐 대륙간탄도로케트 장착용 수소탄 시험으로 이루어지는 과정은 핵무기의 소형화·경량화·다종화 목표와 일치한다. 지구관측 위성 발사로부터 화성－14형, 화성－15형으로 이루어지는 발사체 시험에 대한 성과 제시는 북한이 미국을 향해 핵무기를 무기로 사용할 강력한 의지를 가지고 있음을 나타낸다. 거의 모든 대회에서 지속적으로 제시되는 "2013년 3월 전원회의 결정의 관철"이라는 구호는 이들의 핵개발이 3월 전원회의에서 채택된 "경제건설과 핵무력건설 병진노선"에 기초하고 있음을 다시 한 번 일깨워 준다.

그림 1-2 | 연환대회 전경

출처 : 조선중앙통신(2017.12.2)

북한의 핵과 미사일 능력

북한의 핵무기 제조능력

핵무기를 제조하는 방법에는 90% 이상 고농축한 U235를 사용하여 우라늄탄을 만드는 방법과 원자로에서 타고 남은 사용 후 핵연료를 화학처리한 후 추출해낸 순도 95% 이상의 Pu239를 사용하여 플루토늄탄을 제조하는 방법 등 두 가지가 있다. 또한 수소탄을 만들수 있다. 수소탄은 핵분열과 핵융합을 함께 시도하는 핵폭탄이다. 북한은 이 3가지 핵무기를 다 보유하려고 시도했는데, 차례대로 설명하기로 한다.

그림 1-3 | 우라늄탄과 플루토늄탄의 비교

포신형(Gun type)핵무기 : 우라늄탄

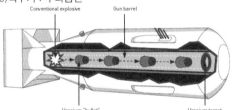

보통 화약(TNT)의 폭발력을 이용하여 분리된 핵물질(HEU)을 합치시켜 폭발력을 발생시킨다. 구조가 간단하고 제조가 용이하나 소형화 및 경량화가 상대적으로 어렵다.
리틀보이(Little Boy) : 히로시마 형

내폭형(Implosion-type) 핵무기 : 플루토늄탄

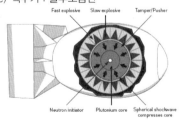

고폭압력으로 여러 개의 섹터에 나뉘어져 있는 핵물질(Pu)을 압축시켜 폭발력을 발생시킨다. 구조가 복잡하고 제조가 어려우나, 일단 개발하면 소형화 및 경량화가 용이하다.
팻맨(Fat Man) : 나가사키형

사진출처 : "ELIMINATING NUCLEAR THREATS"

플루토늄탄 만들기

플루토늄탄은 미국이 일본의 나카사키에 투하한 것이 그 시초인데 플루토늄은 지구상에 존재하지 않는 원소이지만 원자로에서 연소하고 난 후 꺼낸 사용 후 핵연료에서 화학작용을 거쳐 추출해 낸다. 플루토늄은 독성이 강하므로 핫셀을 가진 화학실험실에서 추출해 낸다. 재처리 시설이 플루토늄탄과 불가분의 관계인 것은 널리 알려져 있으며 인도 및 이스라엘의 경우도 이 재처리 시설을 통하여 플루토늄탄의 개발에 성공한 것으로 알려져 있다.

재처리 시설은 원자로에서 연소되고 남은 사용 후 핵연료에서 화학공정을 통해 무기급 분열성 핵물질인 플루토늄과 우라늄을 분리해 낸다. 앞에서 말한 바와 같이, 북한은 1985년에 영변에서 재처리 시설을 착공하여 1989년부터 가동에 들어갔다. 1992년 5월, 북한은 IAEA의 사찰관에게 고속 증식로나 신형전환로에 사용될 핵연료를 개발하기 위해 재처리 시설을 건설하고 있다고 밝힌 적이 있으나 이것은 그 후에 거짓말로 판명되었다. 핵무기를 만들기 위해서라는 것이 드러난 것이다.

앞에서 언급한 바와 같이 북한은 다량의 플루토늄 추출에 알맞은 제2연구용 원자로를 1986년부터 운전해오고 있으며, 여기에서 나오는 사용 후 핵연료를 가지고 재처리 시설을 이용하여 플루토늄을 추출해 왔다. 북한은 1989년, 1990년, 1991년에 재처리를 한 것으로 판명되었다. 그러한 규모의 재처리 시설을 건설하려면 연구개발의 논리적 순서상 소규모의 재처리 실험실을 거치는 것이 상례임을 생각할 때, 북한이 소규모의 재처리 실험실을 신고하지 않고 보유하고 있는 것으로 추정되었다.

아울러 북한은 플루토늄탄의 핵심기술인 내폭실험을 거쳐 이미 기폭장치핵뇌관의 개발을 완료한 것으로 구소련 KGB 극비문서에서 밝혀진 바 있다. 특히 북한이 1986년부터 가동하고 있는 소위 제2연구용 원자로가 노심이 큰 영국의 콜더홀형의 원자로로서 다량의 플루토늄 추출이 가능하다고 볼 때, 북한은 기술면이나 능력면에서 플루토늄탄을 개발하고 있었다는 것이 입증되었다.

북한이 이러한 재처리시설을 1994년 10월 북미 제네바합의 때까지 가동하여 총 7~22kg의 무기급 플루토늄을 추출한 것으로 외부에서는 추정했다. 제네바합의 이후 이 재처리시설은 가동중단 되어 있다가, 2003년 1월 북미 간에 제네바 합의 파기 직후 재가동에 들어갔다. 그래서 북한은 매년 6~8kg정도의 무기급 플루토늄을 축적하여 왔다. 2007년 2월에 핵시설 가동중단에 합의하고, 이 재처리시설을 일시 중단한 것으로 되어 있으나, 2013년부터 또 다시 가동하여 현재에 이르고 있다. 이 모든 재처리 활동을 종합해 보면 <표 1－3>과 같이 2016년 말 현재 북한은 무기급 플루토늄을 45~55kg 보유하고 있는 것으로 추정해 볼 수 있다.한국원자력통제기술원, 2017 영변의 5MW 원자로에서 꺼낸 사용 후 핵연료를 전량 재처리 할 경우, 북한은 매년 6~8kg의 플루토늄을 얻을 수 있다고 대부분의 전문가들이 추정하고 있다. 이를 종합하면 북한은 2020년에 69~83kg의 플루토늄을 보유할 것으로 보이며, 이를 전량 핵무기로 만들 경우에 플루토늄탄은 17~20기 정도 되는 것으로 추정된다.핵무기 1기당 플루토늄 4kg 소요 가정

표 1-3	시기별 북한의 분열성핵물질 보유량 및 핵무기 숫자			
	Pu 량	U 량	핵무기 숫자 (최소)	핵무기 숫자 (최대)
1992-2016	45~55kg	410~1,000kg	20	60
2017~2020	69~83kg	1,000~1,500kg	30	90~100

우라늄탄 만들기

우라늄탄은 미국이 제2차 세계대전 당시 히로시마에 투하한 것이 그 최초인데 미국의 우라늄탄 제조계획은 우리에게 맨하탄 프로젝트로 널리 알려져 있다. U235를 90%이상 농축하기 위해서는 천연 우라늄에는 U235가 0.7%밖에 존재하지 않으므로 다양한 농축방법을 이용하여 고농축 시켜야 한다. 지금까지 알려져 있는 농축방법에는 가스확산법, 원심분리법, 레이저법, 노즐분리법 등이 있다. 북한은 전기가 많이 사용하는 전통적인 농축방법보다는 원심분리기를 이용한 농축방법을 택한 것으로 알려졌다.

북한이 농축에 대해 연구를 시작한 것은 1980년대부터이다. 그러나 핵무기용으로 우라늄 농축에 본격적으로 관심을 가진 것은 1993년 북미 제네바 협상이 진행되고 있을 당시에, 북한을 방문한 부토 파키스탄 대통령으로부터 우라늄농축에 대해 설계도를 전해 받으면서라고 알려졌다.

1994년에 북한 오진우 인민무력부장이 파키스탄을 방문하여 북한이 보유한 노동미사일 기술을 파키스탄에 제공하고, 그 보상으로 칸 박사로부터 우라늄농축기술을 전해 받은 것으로 알려졌다. 미국 과학국제안보연구소Institute of Science and International Security의 올브라이트 박사에 의하면, 북한은 1990년대에 영변으로부터 45km 서쪽에 위치한 평북 구성군 장군대산의 공군기지 부근에 실험실용 규모의 원심분리 공장을 건설하고 고농축우라늄을 소량 생산하기 시작했다고 한다. 이때에는 매년 50kg 정도의 고농축우라늄을 생산한 것으로 추정한다. 한국원자력통제기술원에 의하면, "2001년에 파키스탄으로부터 P-1 원심분리기 30여 개 및 P-2 원심분리기 설계도를 입수하였다"고 한다.

2010년 11월 영변을 방문하고 왔던 미국 스탠포드 대학의 시그프리드 헤커Siegfried Hecker박사는 영변에 대규모의 제1농축시설이 있는데, 여기에 약 2,000개의 원심분리기가 있다고 말했다. 2009년부터 이것을 가동해 왔으며, 매년 풀가동할 경우 북한은 매년 고농축우라늄을 150kg씩 생산가능하다고 보고 있다. 영변에 있는 이 원심분리기는 네덜란드 URENCO 소유의 농축시설인 Almelo와 일본 로카쇼무라 농축시설을 참고하였다고 북한이 주장했다고 헤커박사가 전언한 바 있다.

또한 IAEA의 아마노Yukiya Amano사무총장은 2016년에 북한이 영변의 제1우라늄 농축공장 이외에 제2농축공장을 건설하여 가동하고 있다고 경고하였다. 2017년 12월 한국을 방문한 바 있는 헤커 박사는 북한이 영변의 제1우라늄농축공장을 확대하여 4,000여개의 원심분리기를 가동하고 있는 것으로 추정하고 있다. 이 2개의 고농축우라늄공장을 가동할 경우, 북한은 매년 300kg 정도의 고농축우라늄을 보유할 수 있는 것으로 추정되고 있다. 이것을 20kt짜리 우라늄탄으로 환산할 경우 북한은 <표 1-3>에서 보는 바와 같이, 2020년까지 60~80개의 우라늄탄을 만들 수 있는 핵물질을 보유할 것으로 추정되고 있다.

수소탄 만들기

수소탄은 다른 말로 "핵분열 – 핵융합 – 핵분열" 무기라고도 할 수 있다. 수소탄 속에 이미 만들어 놓은 핵분열탄을 넣어 이것을 1차로 폭발을 일으켜서 엄청난 고온과 고압을 발생시킨다. 이것이 기폭장치 역할을 한다. 여기서 발생한 고온과 고압으로 인해 스티로폼이 가열되어 플라즈마 상태가 되면서 2차 단계로 폭탄이 압축 및 핵융합을 시작한다. 이어서 3단계에서 외부에 핵분열성물질이중수소와 삼중수소 리튬을 둘러싸서 다시 고속중성자에 의한 핵분열을 일으켜서 우라늄 238까지 분열시키는 폭발력이 매우 강한 수소탄이 된다. 북한이 수소탄을 완성했는가에 대해 2017년 제6차 핵실험을 하기 전까지 많은 논란이 있었다. 북한이 2010년 5월 "자체 핵융합 기술을 개발했다"고 말하기도 했고, 2015년 3월 18일에 "증폭 핵분열탄 개발이 마무리 단계에 들어섰으며, 이에 대한 실험은 김일성 생일인 4월 15일 전후에 이뤄질 것"이라고 보도하기도 했다. 2015년 12월 10일 조선중앙통신은 "김정은이 수소탄의 거대한 폭음을 울릴 수 있는 강대한 핵보유국이 될 수 있었다"고 보도했다. 그리고 2016년 1월 6일 제4차 핵실험 직후에 "첫 수소탄 시험 완전 성공"을 주장하기도 했다. 그럼에도 불구하고 국제사회에서는 이 모든 실험이 증폭핵분열탄이라고 평가했다. 그러나 북한은 제4차, 제5차 증폭핵분열탄 실험을 통해 수소탄 개발에 필요한 모든 기술정보를 얻었고, 이를 이용하여 2017년 9월 3일에 150~250kt 폭발력을 가진 수소탄 실험에 성공했다고 평가된다.

그림 1-4 | 수소탄의 구조

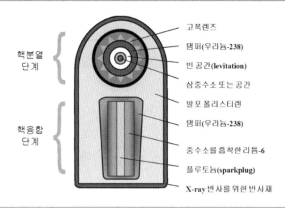

핵분열
단계

핵융합
단계

고폭렌즈
탬퍼(우라늄-238)
빈 공간(levitation)
삼중수소 또는 공간
발포 폴리스티렌
탬퍼(우라늄-238)
중수소를 흡착한 리튬-6
플루토늄(sparkplug)
X-ray 반사를 위한 반사재

출처: 황용수, 한국원자력연구원, DPRK Nuclear Issues BOOK III, p.38.

북한의 핵실험

북한은 2006년 10월부터 2017년 9월까지 모두 6회 핵실험을 하였다. <그림 1-5>에 보는 바와 같이 핵폭발력의 위력, 지진의 강도, 핵실험 위치 등을 비교해 볼 수 있다.

1차 핵실험2006.10.9.은 플루토늄탄 실험이었다. 북한은 4kt의 폭발력을 달성하고자 한다고 러시아와 중국에 사전에 통보했으나, 실제로는 폭발력이 낮아서 1kt에 못 미쳤다. 이것에 대해서 한국 내의 적지 않은 북한 전문가들이 미국이 제네바합의를 일방적으로 파기했기 때문에 북한이 재처리시설을 재가동하여 플루토늄탄을 만들어서 실험을 했다고 주장했으나, 많은 핵전문가들은 북한이 1994년 이전에 이미 확보한 플루토늄을 가지고 핵무기를 제조했으며, 고폭실험을 통해 플루토늄탄을 만들 수 있는 기술과 능력을 이미 갖추고 있었기에 핵실험을 할 수 있었다고 본다. 북한은 제1차 핵실험을 성공이라고 자평했으나, 외부세계에서는 실패한 핵실험이라고 불렀다.

하지만 모든 과학 실험이 다음의 성공을 위한 지식과 정보의 축적에 도움이 된다고 볼 때에, 완전 성공 혹은 완전 실패로 평가하기에는 이른 측면이 있었다. 일부의 북한 전문가들은 "이것은 실제 핵실험이 아니고, TNT 수백 kg을 핵폭탄처럼 가장해서 폭발시킨 것"이라고 주장도 했으나, 대다수 핵전문가들이 핵실험이라고 평가하였고, 북한도 핵실험이라고 주장하였다.

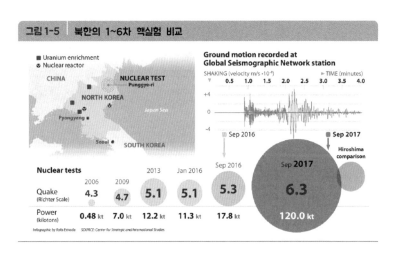

그림1-5 | 북한의 1~6차 핵실험 비교

2차 핵실험2009.5.25.은 김정일이 직접 지시한 핵실험으로서, 북한이 10kt 폭발력을 얻고자 했으나, 7kt 정도의 폭발력을 얻을 수 있었다. 이것은 플루토늄탄실험이었다. 1차 핵실험에 비해 성공적인 것으로 평가되었다.

3차 핵실험2013.2.12.은 많은 핵전문가들이 우라늄탄으로 보고 있다. 3차 핵실험은 폭발력이 10~15kt 정도로 평가되었는데, 국제적으로 전문가들이 성공한 핵실험으로 평가했다. 북한은 "이번 핵실험으로 핵무기의 소형화, 경량화에 성공했다"고 주장했다.

4차 핵실험2016.1.6.은 북한이 수소탄 실험이 성공했다고 주장했으나, 외부세계에서는 증폭핵분열탄이라고 보고 있다. 폭발력이 상당했는데, 10~20 kt에 이른 것으로 평가된다. 필자가 만난 소수의 중국의 전문가들은 수소탄의 축소형이었다고 북한의 주장을 뒷받침하기도 했다. 증폭핵분열탄은 우라늄탄 혹은 플루토늄탄을 폭발력을 수 배 정도 높인 것이며, 미래 수소탄의 개발에 사용하기 위한 노하우를 습득하기 위한 것이다. 증폭핵분열탄은 우라늄 혹은 플루토늄 같은 분열성 핵물질의 중간에 이중수소deuterium와 리튬 6 혹은 삼중수소tritium와 리튬 6의 혼합물을 위치시켜서 핵폭탄 외부에 장착된 폭약이 폭발하면 핵물질의 내폭이 일어나고, 거의 동시에 중간에 위치한 리튬과 수소들이 반응하여 일정 규모의 핵융합이 일어나고 여기서 발생한 고에너지 중성자가 핵분열을 촉진시켜서 폭탄의 폭발력을 증폭시킨다. 보통 핵분열 반응에서는 2.4개의 중성자가 나오는데 비해, 이런 핵융합에서는 한 반응 당 보통 4.4개의 중성자가 발생하게 되고, 그 엄청난 규모의 중성자가 주변에 있는 우라늄 혹은 플루토늄을 때리게 되어 상당히 많은 핵분열 반응을 일으키게 된다.한국원자력연구원 황용수박사의 말 우라늄탄이나 플루토늄탄은 핵분열시 10여 퍼센트만 핵분열 반응에 참가하므로 그 폭발력이 상대적으로 작지만, 증폭핵분열탄은 우라늄탄이나 플루토늄탄보다 약 3배 정도 핵분열 반응을 일으키므로 그 폭발력이 3배 이상이라고 말할 수 있다.

5차 핵실험2016.9.9.은 증폭핵분열탄이라고 보여진다. 폭발력은 10~20kt인 것으로 추정된다. 북한은 제5차 핵실험으로 증폭핵분열탄을 성공시키고, 수소탄 제조에 필요한 핵심적인 노우하우를 다수 습득한 것으로 보인다.

6차 핵실험2017.9.3.은 수소탄 실험으로서 폭발력이 150~250kt에 달하는 것으로 평가되었다. 이것은 북한 당국이 "화성-15형에 탑재하여 미국 본토를 공격할 수 있다"고 주장했는데, 만약 북한이 핵

EMP탄으로 사용할 경우 미국 본토의 상공 200km에서 폭발시키면 미국의 전국토가 EMP효과를 받을 수도 있다. 6차 핵실험의 폭발력에 대해서 국내에서는 50kt 정도의 폭발력이라고 소개했으나, 일본에서는 160kt, 국제적인 명망을 가진 포괄적핵실험금지기구CTBTO라든지, 미국에서는 150~250kt의 핵폭발효과를 낸 것으로 평가하고 있다.

위에서 본 바와 같이, 북한은 모두 6차에 걸쳐 핵실험을 실시했는데, 그중에는 플루토늄탄, 우라늄탄, 증폭핵분열탄, 수소탄을 실험했다. 온갖 종류의 핵무기를 다 갖게 된 것이다. 혹자는 북한이 핵무력을 완성하기 위해서 1회 더 실험을 해야 한다고 주장하기도 하나, 북한이 이미 보유한 핵무기의 종류와 능력을 살펴보면, 군사적 측면에서는 더 실험을 할 필요가 없을 것이다. 북한이 주장하는 바와 같이, 핵무기의 소형화, 경량화, 다종화, 고도화를 이룬 것으로 보아도 무방할 것이다. 다만 "대륙간탄도탄에 핵무기를 탑재하고, 미국 본토로의 정확한 발사가 가능한가"하는 문제는 별도의 문제이다. 이점은 아래 북한 미사일의 능력에 관한 장에서 다룰 것이다. 결론적으로 핵무기 측면에서 보면, 북한은 모든 종류의 핵무기 능력을 갖추었다고 볼 수 있을 것이다.

북한은 2017년 말 현재, 몇 개의 핵무기를 무기로 갖고 있고, 얼마만큼의 플루토늄과 고농축우라늄을 갖고 있을까? 모든 핵물질을 핵무기로 만들어 놓을 필요는 없다. 핵무기가 오래되면 그 속에 있는 핵물질들이 변할 가능성도 있기 때문이다. 그래서 전문가마다 다른 의견을 보이고 있지만, 대체로 보유한 핵물질의 40~50% 정도를 핵무기로 만들어서 실험도 하고 보유도 한다는 것이다. 그러므로 북한은 플투토늄탄, 우라늄탄, 수소탄을 합쳐서 핵무기를 최소한 20기내지 25기를 보유하고 있다고 보는 것이 통설이다. 미국의 윌리엄

페리 전 국방장관은 2017년 12월 미국군비통제협회에서 연설을 통해 "북한은 현재 핵무기를 20 내지 25기 보유하고 있다"고 언급하였는데, 필자를 비롯한 핵전문가들은 북한이 최소한 20기의 핵무기를 보유하고 있다고 보고 있으며, 어떤 이는 2020년이 되면 북한이 핵무기를 최대한 100기까지 만들 수 있다고 본다.

북한의 미사일 능력

북한의 미사일 개발에 대해서는 국내외에서 수많은 자료들이 발간되었다. 여기에서는 필자가 수십 년 동안 추적하고 연구해 온 작업과 비교하여 꼭 필요한 부분만 밝히고자 한다.

북한의 미사일 개발은 1970년대부터 시작되었다. 1976년 이집트로부터 소련제 SCUD-B 미사일 2기를 도입하여 중국의 기술 지원을 받아 개발에 착수했다. 처음에는 SCUD 미사일을 해체하여 역설계하는 형태를 취했다. 1978년에는 스커드 미사일 개발에 최초로 성공하고, 1983년에 스커드 미사일 생산공장을 건설했다. 1984년에 사정거리 300km인 SCUD-B 시험발사에 성공했다. 북한은 이를 개량하여 사거리를 연장시켜서 1986년에 SCUD-C 시험발사에 성공했다. 1987년에는 SCUD-B와 SCUD-C의 양산체제에 들어갔다. 이란, 시리아, UAE 등지에 SCUD-B와 SCUD-C 수출을 개시했다. 매년 10억 달러 정도의 외화수입을 거두어 들였는데, 이것은 21세기 초반까지 계속되었다.

1985년부터 북한은 전군에 SCUD를 실전배치했다. 곧이어 북한은 노동1호 미사일 개발에 착수했으며 1990년에 노동1호를 시험발사했으나 실패했다. 1991년에 함경북도 대포동에 미사일 시험장을 건설했다. 그 후 1992년에 노동-1호 미사일 150기를 이란에 수출하기로 계약되었다는 보도가 나왔다. 1993년 1월에 노동 - 1호 시험발사에 성공했으며, 이란에 이를 수출하기 위해 3월에 북한군 군사대표단이 이란을 방문하였다. 그리고 노동 - 1호를 실전배치하기 시작했다. 이것은 수회의 시험발사를 성공시킨 후 실전에 배치하는 서방세계와 달리, 단 한 번의 성공 이후에 실전배치 하는 것으로서 외부세계를 놀라게 했다. 또한 노동 - 1호의 사정거리가 1,000~1,300 km로서 일본 열도의 반 이상을 공격할 수 있기 때문에 일본은 충격 속에 빠졌다. 1994년부터 북한은 이란과 파키스탄에 노동 - 1호 미사일을 판매하기 시작했으며, 이 두 국가와 미사일 기술협력협정을 체결하고 파키스탄의 가우리Gauri 미사일과 이란의 샤하브 - 3Shahab-III 개발에 조력하였다. 파키스탄에 미사일 기술을 제공하고, 북한이 핵무기 개발용 우라늄농축기술을 1990년대 후반에 도입해 온 것으로 후에 알려졌다.

이후에 김정일은 오키나와와 괌의 미군기지까지 사정권에 넣을 수 있도록 사정거리 2,500~5,000km 나갈 수 있는 중거리 미사일인 대포동 미사일 개발에 착수했다. 1998년 8월 31일에 대포동 1호 미사일을 시험발사 하였다. 미국 국방부는 대포동 미사일의 3단계 추진체가 1,620km 정도 비행하다가 추락한 것으로 추정된다고 발표했다. 대포동 미사일은 3단계 추진체를 가지고 있는데 1단은 노동미사일을 추진체로, 2단은 SCUD - D를 조합한 것이다.

그러나 외부세계에서는 1998년 8월 김정일 정권이 중거리 미사일인 대포동 미사일을 시험발사 하기 이전에는 북한의 미사일 제작 기술이 그렇게 빠른 속도로 발전하리라고 예상하지 못했다. 김정일 정권이 중거리 미사일에 관심을 갖기 시작한 것은 북한이 핵탄두를 탑재한 미사일을 가지고 일본과 하와이까지 공격권에 넣음으로써 미국의 공격을 억제하고 북한의 안보를 달성하려는 목적으로 미사일을 개발한 것이라고 해석하기도 했다.

북한의 대포동 1호 미사일 시험 한달 전인 1998년 7월에 미국 의회에 제출된 럼스펠드 보고서에서는 북한이 하와이까지 이르는 대포동 능력에 도달하려면 몇 년이 더 소요될 것으로 보았다. 왜냐하면 북미 간에는 제네바합의가 이행중이었고, 북한은 핵무기 및 미사일 개발을 동결한 것으로 간주되었을 뿐 아니라 북한의 기술이 그만큼 발전하기에 많은 시간이 소요될 것으로 판단했기 때문이다. 미국의 클린턴 행정부는 북한의 중거리 미사일 개발을 일본과 태평양 지역 주둔 미군을 위협하는 것으로 보고 북한의 미사일 모라토리움을 목적으로 북미 간에 미사일 회담을 가지는 한편, 페리 전 국방장관을 한반도특별대표로 임명하여 북한을 방문, 북한의 대포동미사일 발사로 인한 한반도 위기를 해소하기 위해 고위급회담을 개최하였다. 그 결과 북한핵과 미사일에 대한 억제를 기본으로 억제와 대화를 병행 추진하는 페리보고서를 합의했다. 그러나 이러한 미사일 시험 동결 약속에도 불구하고 북한은 미사일 개발을 지속하였다.

북한이 미사일 개발을 지속하고 시험발사를 자주 행한 것은 자체의 미사일 개발의 첨단화에도 목적이 있었지만, 경제난으로 비롯된 외화 부족을 메우기 위해서 이란, 시리아, UAE, 파키스탄 등지에 미사일 수출시장을 개척하고 유지하려는 것이기도 했다. 특히 노동-1호 미사일은 이란과 파키스탄에 많이 수출했는데, 파키스탄의 가우리Gauri미사일과 이란의 샤하브-3Shahab-Ⅲ 미사일 개발에 북한의 기술제공이 큰 역할을 한 것으로 알려져 있다.

북한은 1990년대 말부터 오키나와는 물론 괌의 미군기지를 공격권에 넣을 수 있는 사거리 3,000-4,000km의 무수단미사일노동-2를 개발을 계속하여 2007년에 실전배치하였다. 동 시기에 구소련의 SS-21 Scarab A를 개량하여 오산-평택까지 타격이 가능한 사거리

100-120km의 북한 최초의 고체연료 단거리 미사일 KN-02를 개발성공한 것으로 알려졌다.

북한은 미국의 알라스카와 하와이까지 공격할 수 있는 최대 사정거리가 6,700km인 대포동-2호를 2006년 7월에 시험발사 하였다. 발사한 직후 바로 폭발해서 실패하였다. 그 후 2009년 4월에 다시 대포동-2호 개량형으로 알려진 은하-2호 장거리 로켓을 발사하였다. 이 로켓의 2단 잔해가 3,846km 날아가 북태평양에 탄착했다. 이것이 정상적인 탄도미사일로 전환될 수 있다면 최대 사정거리 12,000km로 미국 서해안 뿐만 아니라 본토의 어느 곳에도 도달할 수 있는 것으로 추정되었다. 이로써 김정일 시대에는 중거리 미사일의 추진연료와 항법장치, 탄두분리 기술을 거의 완성하게 되었다.

김정은 시대에 와서 핵무기와 미사일의 능력개발과 시험발사는 그 빈도와 사정거리, 폭발력 면에서 급속하게 증가한다. 김정은의 "핵보유국 지위 영구화 및 북미 핵대결 시대"의 선포에 발맞추어, 2012년 12월에 사정거리 10,000km급 ICBM용 로켓인 은하-3호^{광명성-3호} 위성체를 인공위성의 궤도에 진입시켰다. 이것은 2016년 2월에도 성공했다. 2015년 10월 노동당 창건 70주년 열병식에서 KN-08이 공개되었다. 북한은 KN-08에 소형화, 다종화된 핵탄두를 탑재할 수 있다고 선전하였다. 또한 2017년 9월 제6차 핵실험이후 재개한 화성-15호 대륙간탄도탄에 수소탄을 탑재하여 미본토를 공격할 수 있다고 선언함으로써 북한의 미사일 개발은 미국, 러시아, 중국에 이어 대륙간탄도탄 능력을 세계 네 번째로 갖게 된 것으로 보인다.

2017년 5월에 화성-12호는 사거리 787km, 최고 고도 2,111km를 비행하고 성공했다. 바로 두 달 후에 동일한 미사일을 저각으로 발사했는데, 이것은 일본 상공 고도 550km를 거쳐 2,700km 떨어진 북태평양 상에 낙하했다. 화성-12호는 정상 각도로 발사한다면 4,500km 까지 도달할 것으로 추정된다. 2017년 9월에는 최고고도 770km, 사거리 3,700km로 시험발사에 성공했다. 이것은 알라스카와 하와이를 핵탄두를 탑재하고 공격할 수 있는 중거리 미사일이며 사거리가 4,500km이다. 이것은 차후에 미본토를 공격할 수 있는 대륙간탄도탄 미사일을 개발하는 기술과 정보를 획득할 목적이었다.

이를 증명하기라도 하듯이 2017년 7월 4일과 28일 두 차례에 걸쳐서 북한은 초고각으로 화성-14호를 시험 발사했다. 처음 것은 2,802 km 까지 상공으로 올라가서 39분간 933km를 비행하였다. 이를 정상각도로 계산하면 6,700km가 되는데, 정상적으로 핵폭발을 시키기 위해 요구되는 고도 1km 까지 재진입체가 온전히 낙하한 것으로 평가되었다. 적지 않은 전문가들이 북한의 화성-14호 미사일은 재진입기술이 거의 완성된 것으로 보았다.

다음 것은 최고 고도 3,793km로 47분 12초 동안 비행하여 998km 떨어진 동해상에 낙하했다. 이것은 해면고도 3-4km 부근에서 시야에서 사라진 것으로 보아 재진입 기술이 완전하지 못한 것으로 판단되었다. 그런데 탄두 중량을 500-600kg으로 가정한다면 화성-14호의 사거리는 7,000-8,000km로 추정되며, 이것은 미국의 서부인 워싱턴 주의 시애틀이나 샌프란시스코에 도달할 수 있는 미사일이 될 수 있으며, 만약 탄두중량을 400kg 까지 줄일 수 있다면 최대 사거리는 10,000km로서 미국의 시카고나 뉴욕까지도 도달될 수 있다고 한다.

한 가지 더 충격적인 것은 2017년 11월 말에 북한이 화성-15호를 시험발사한 것이다. 그리고 나서 북한은 "미국의 어느 곳이라도 핵공격이 가능할 정도로 핵무력을 완성시켰다"고 호언장담 하였다. 화성-15형은 최대고도 4,500km, 비행거리 960km 로서 정상각도로 환산하면 13,000km를 비행할 수 있으므로, 미국의 워싱턴을 비롯한 동부 지역 어디라도 타격할 수 있는 사정거리로 환산될 수 있다. 게다가 북한은 최대형 중량급 핵탄두 장착이 가능하다고 하는 것으로 보아 제6차 핵실험 때의 150-250킬로톤의 폭발력을 낼 수 있는 수소탄을 장착하여 미국에 투하할 수 있는 능력을 가지고 있다고 자랑하고 있는 것으로 보인다. 특히 전통적인 방법이 아닌 고도 40-400km에서 핵탄두를 폭발시켜서 핵EMP를 발생시키려고 하는 경우에는 대기권 재진입 기술이 필요하지 않기 때문에 화성-15형은 그 자체만으로도 미국에게 최대 위협요소라고 아니할 수 없다.

북한의 김정은은 '화성-12'는 대형 중량 핵탄두를 장착해 태평양전 지역을 타격권에 두는 로켓이라고 자평한 적이 있으며, 이어 '화성-14'는 수소탄을 미국의 심장부에 날려 보낼 핵운반 수단이라고 하면서 엄포를 놓았고, '화성-15'는 미국 본토 전역을 타격할 수 있는 초대형 중량급 핵탄두 장착이 가능한 완결판 대륙간탄도미사일 ICBM이라고 자체 평가함으로써 결국 장거리 미사일과 특히 대륙간탄도미사일은 미국과 맞장뜨기 위해 한판의 격돌을 예상하고 개발한 것으로 볼 수 있다. 특히 화성-15호는 러시아의 Topol-M 다탄두 미사일을 모방해서 만든 것으로 추정하기도 하는데, 이제 북한이 미국을 공격할 수 있는 능력은 갖추었다고 볼 수 있다.

북한의 핵미사일 지휘통제체제는 김정은을 정점으로 김락겸이 지휘하는 전략군사령부에서 관할하고 있으며, 총참모부 예하에 전략군사령부는 군단급규모로 편성되어 있고 10,000명 정도가 복무하고 있다. 전략군사령부 예하에 4개의 미사일 공장과 12개 발사기지가 있는 것으로 알려져 있다. 현재 북한은 미사일 13종과 1,200기 정도를 보유하고 있는 희귀종 군사대국으로서 미국과의 대결까지도 불사하겠다는 협박을 일삼는 국가가 되고 있다.

북한의 로동신문을 보면 북한이 중장거리 미사일 개발에 얼마나 많은 국력과 정치적 의지를 쏟고 있는지 드러난다.

김정은은 수시로 북한 인민군의 전략군 화성포병부대를 방문하여 탄도로케트발사훈련을 지도하기도 하고, 국방과학연구부문의 일꾼들을 격려했으며, 전략군 화성포병부대의 임무가 태평양 지역의 미군기지를 타격할 임무를 맡고 있다고 밝히고 있다.2016.9.6. 로동신문 또한 전략잠수함 탄토탄수중시험발사를 지도하면서 "미국과의 전면전쟁, 핵전쟁에 대비하여 국방과학부문에서 핵무기의 병기화 사업에 박차를 가해 나가자"고 독려하기도 했다.2016.8.25. 로동신문 아울러, 북한이 괌에 있는 미군기지를 포위공격하겠다고 협박한 뒤에 미국이 북한에 대한 경고를 하자, "반제반미 대결전을 총결산하게 될 최후 성전을 치르게 될 것"이라고 하면서 미국에 대해 공공연한 싸움을 걸기도 했다.2017.8.30. 로동신문 이러한 김정은의 호전적인 태도와 핵미사일 협박은 미국과의 핵 맞장뜨기를 시도하여 미군을 한반도로부터 철수시키기 위한 작업의 일환이라고 볼 수 있다. 아래 <표 1-4>에서는 북한이 보유한 단, 중·장거리 미사일을 전장, 직경, 탄두중량, 추진방식, 사정거리, 최초 시험과 배치 등으로 구분하여 서로 비교하고 있다.

표 1-4	북한의 미사일 종류와 시험발사 및 배치 현황					
구분	전장 (m)	직경 (m)	탄두 중량 (kg)	추진 방식	사정 거리 (km)	최초 시험 발사/배치
스커드-B (화성-5호)	10.94	0.88	985	1단 액체	320 ~340	1984/1985
스커드-C (화성-6호)	10.94	0.88	770	1단 액체	500 ~550	1990/1990

스커드-D (화성 7호) (KN-05)	17.4	1.32	1200	1단 액체	500 ~800	1997/2003
SCUD-ER	미상	미상	미상	미상	1000	2014.7/2017.3
노동-1	16.1	1.36	1200	1단 액체	770 ~1200	1993/1995
대포동-1	27	1.36 0.88	000	2단 액체	2,500	1998/실패
은하-2호 (대포동-2호)	35	1단:1.36 2단:0.88	750 ~850	2- 3단	6,700	2006.7/2009.4/실패
은하-3호 (광명성-3호) (대포동-3호)	30	2.4	100	3단	10,000	2012.4.12. 실패/ 2012.12.12. 성공
은하-4호 (광명성-4호)		–	200		12,000	2016.2. 성공
무수단(화성-10호) (노동-2호)(KN-17)	12.50	1.5	1250	1단 액체	2,500 ~4,000	2007
KN-02		0.7 ~0.8	250 ~500	1단 고체	120 ~200	2005/2006 배치
KN-08	19	–	500 ~700	3단 액체	12000	2017/2018 배치시작
화성-13호	–	–	–	3단 고체	6,700	–
화성-14 (KN-14)	17	–	500 ~700	2단 액체	10,000	–
화성-15	22	1.9	800	3단 고체	13000	2017.11.
북극성	13	–	500	액체	500 ~1000	2017.4. 3회

그림 1-6 북한 미사일 사거리

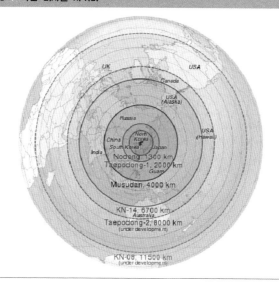

북한은 핵무력을 완성했는가?

다음 <표 1-5>에서 보는 바와 같이, 북한은 김일성-김정일-김정은 3대에 걸쳐 꾸준하고 집요하게 핵보유국을 향한 행진을 계속했다. 김일성 시대에는 구소련의 두브나 원자력 연구소에 고급 인력을 보내 핵기술자들을 양성하는 한편, 영변에 핵연구단지를 건설하여 겉으로는 비핵화를 선전하면서, 속으로는 핵무기 연구개발과 평화적 원자력 건설이란 이중적 핵정책을 추진해 왔다. 그 결과 핵무기 면에서는 재처리 능력을 건설하고, 무기급 플루토늄을 축적하였으며, 고폭실험을 통해 플루토늄탄 제조 능력을 구비한 것으로 볼 수 있다.

표 1-5	북한의 핵개발 추진 목표와 방향 및 결과	
	추진목표와 방향	결과
김일성 시대	이중적 핵개발 정책(겉으로 비핵화 선전, 속으로 핵개발 능력 건설)	재처리능력 건설, 플루토늄 축적과 고폭실험으로 플루토늄탄 능력 구비
김정일 시대	일면 핵협상·일면 핵억제력 가시화 정책(선군정치 노선 채택)	2회의 핵실험. 플루토늄탄 완성 중거리 미사일 능력 구비
김정은 시대	핵보유국 지위 영구화·북미 핵대결 시대 추구(경제 핵 병진 노선 채택)	4회의 핵실험. 플루토늄탄, 우라늄탄, 수소탄 완성 중거리·대륙간탄도미사일 완성 내지 개발중

김정일 시대에는 일면 핵협상, 일면 핵무기 개발을 통한 핵억제력
가시화 정책을 추진해 왔다. 이 시기에는 북미 간의 핵협상과 6자회
담이 차례대로 진행되었는데, 북한은 비밀 핵개발을 계속해 온 것으
로 드러났다. 김정일 정권이 핵무기 개발을 계속해 온 것은 선군정
치 노선 하에서 선군을 뒷받침할 수 있는 강력한 군사력을 가지기
위해서였다. 북미 제네바합의와 6자회담의 합의문을 위반하거나 그
합의의 빈 틈을 이용하여 핵무기 개발을 성공시켰다. 2006년과 2009
년에 2회 핵실험을 감행했고, 핵개발 정책은 비밀 핵개발에서 공개
적인 핵개발로 전환하는 시기였다고 할 수 있다. 또한 핵무기를 탑
재할 수 있는 미사일 능력을 증강시키기 위한 작업을 시작하고, 중
거리 미사일까지 완성했다. 그리고 핵무기를 소형화, 다종화, 경량화
시키는 작업은 김정은에게 유업으로 넘겨 주었다.

김정은 시대에는 김정일로부터 플루토늄탄과 중거리 미사일을 물
려받고, 핵무기의 소형화, 경량화, 다종화 작업에 매진하였고, 핵보
유국 지위를 영구화하고 미국을 비롯한 국제사회로부터 핵보유국
지위를 인정받고자 올인하였다. 4회의 핵실험을 거친 결과, 북한은
플루토늄탄, 우라늄탄, 수소탄을 완성시켜 모든 종류의 핵무기를 보

유하게 되었다. 이들 핵무기를 미사일에 탑재함으로써 한국과 일본 뿐만 아니라, 태평양 지역의 미군기지와 미국 본토를 공격할 수 있는 능력을 개발하기 위해 장거리 미사일 개발에 전력을 기울였다.

핵무기 개발을 완성하고, 핵무기의 개발목표를 미국의 북한에 대한 핵위협을 억제하는 것에서부터 미국을 한반도로부터 손을 떼게 만들기 위해 핵무기를 탑재한 미사일로 한반도는 물론 일본, 괌과 하와이, 미국 본토까지 공격할 수 있는 능력을 발전시키고자 하였다. 이로써 김정은의 핵개발 목표는 핵보유국의 지위를 영구화하고 북미 간에 핵대결시대를 여는 것으로 확대되었다. 2016년 김정은이 조선로동당 제7차 대회에서 한 선언을 보면, 미국에게 요구하는 사항이 제시되어 있다. "미국은 핵강국에 들어 선 북한의 전략적 지위와 대세의 흐름을 인식하고, 대조선 적대시 정책을 철회해야 하며, 정전협정을 북미 평화협정으로 바꾸고, 남한에서 미군을 철수시키고 손을 떼어야 한다. 그리고 남한은 정치군사도발과 전쟁연습을 전면 중지해야 한다." 이로써 북한은 미국을 향해 강압과 강제를 행사함으로써 한반도의 안보질서를 북한에게 유리하게 변화시키고자 함이 드러나고 있다.

북한의 미사일 기술은 태평양 지역에 있는 미국의 군사기지와 미국 본토를 타격할 수 있는 미사일을 개발하는 데까지 이르고 있다. 2017년에 있었던 대륙간탄도탄 시험을 분석해 보면, 이의 성공을 위해서 대기권으로의 재진입체 기술과 정확성을 제고하기 위한 유도통제기술 확보 등이 관건으로 작용할 것이다. 그런데 김정은이 현장지도를 하면서 위의 기술확보에 필요한 모든 재료는 확보하였다고 하였고, 연구개발에 매진하고 있는 것으로 보아 가까운 시일내에 완성될 가능성이 크다. 미국 등 세계의 미사일 전문가들은 북한이 대륙간탄도탄 능력을 완성하는데 수개월이 걸릴 것으로 예상하고 있다.

한편 김정은 정권은 국내적으로 이미 "100% 북한의 기술과 지혜로 과학기술위성제작과 발사에 성공했다"고 자랑하면서 2013년부터 북한의 중·고교 교과서에 은하-3호 장거리 미사일과 모든 종류의 핵무기에 대한 설명을 게재하고, 중고교 학생들을 교육하고 있다. 이것은 북한이 핵과 미사일 개발에 성공했고, 온갖 국제제재에도 불구하고 핵과 미사일 무력을 완성한 김정은에게 그 공을 돌리고 있으며, 북한의 학생들과 주민들의 충성을 끌어내고 있다는 것을 보여주고 있다.

결론적으로 북한은 김일성-김정일-김정은 3대에 걸쳐서 모든 것을 희생하면서 "핵보유국의 위업을 달성하기 위해" 노력해 왔고, 그것을 성취했다고 볼 수 있다. 앞으로 북한이 당면한 문제는 얼마나 많은 핵무기와 미사일을 대량생산할 것인가 라는 문제이다. 2018년 1월 1일 신년사에서 김정은은 "핵탄두들과 탄도로케트들을 대량생산하여 실전배치하는 사업에 박차를 가해 나가겠다"고 공언한 바 있으나, 핵무기와 미사일의 대량생산에는 엄청난 돈과 인력이 소요될 것이기 때문에 지금의 경제형편 상 감당하기 만만치 않을 것이다. 그러므로 김정은은 핵개발에 있어서 현재의 보유량을 유지할 것이냐 아니면 미국과의 전면 대결을 위해 2단계 확대생산의 길로 갈 것이냐의 기로에 서있다고 할 수 있을 것이다.

02

북핵 협상:
왜 실패했나?

"The Fate of Nuclear Weapons in North Korea"

02.
북핵 협상:
왜 실패했나?

본장에서는 3차례에 걸친 북한 비핵화 협상에서 무엇이 성공했고, 무엇이 실패했는지를 살펴보려고 한다. 그리고 만약 다음에 북한 비핵화를 위한 협상이 이루어지게 되면 무엇을 어떻게 해야 반드시 성공한 협상과 실질적인 비핵화 합의를 얻어낼 수 있는지에 대해서 과거의 실패로부터 교훈과 지침을 얻고자 한다. 북한을 비핵화시키기 위해 남북한 핵협상, 미북 핵협상, 6자회담이 차례로 개최되었다. 알려진 바와 같이 3차례의 핵협상은 성공하지 못하고 북한 핵문제는 날이 갈수록 더 악화되었다. 핵협상과 핵합의에서 무엇이 가장 중요한 핵심과제였는지를 파악해 내고, 핵협상 마다 주요 이슈를 짚어 내어 설명해 보고자 한다. 그리고 반드시 다음 협상에서 관철해야 할 대안을 제시하려고 한다.

남북한 핵협상 (1991년 12월부터 1992년 12월 말까지)

배경

냉전의 종식과 더불어 1990년 독일이 통일되고, 동구 공산권이 모조리 몰락했으며, 구소련이 붕괴될 위기에 처했다. 한반도에서는 한국의 북방외교로 동서 냉전의 틀이 서서히 깨어지는 시기였다. 공산권 붕괴와 한국·소련 간 수교의 여파로 북한은 전략적 고립에 직면하였다. 김일성은 전통적 동맹국인 소련의 "남북한 등거리 외교"에 반대하면서, 안보위기를 극복하고자 핵무기 개발을 서두르고 있었다.

한반도를 둘러싼 전략 환경이 급속도로 변화함에 따라, 한반도 안보에 영향을 미치는 두 가지 큰 사건이 발생하였다. 첫째, 1991년 9월 27일 미국의 조지 부시George H.W. Bush 대통령이 유럽과 한반도에서 전술핵무기를 철수한다는 선언을 한 것이다. 그 이유는 일차적으로 구소련의 붕괴로 발생할 세계적 차원 특히 동유럽의 공산국가들과 소련 연방국가들이 소련의 핵무기를 자국의 소유로 선언하게 되면 핵질서의 혼란이 생길 가능성이 있어, 미국과 소련은 이를 미연에 방지하자고 밀약을 했다. 미국이 먼저 전술핵무기 철수를 선포하면, 곧 이어서 소련이 전세계로부터 전술핵무기를 철수하여 폐기한다고 선언하자는 것이었다.

둘째, 당시 한반도에서는 남북한 고위급 회담이 개최되고 있었는데, 미국은 이 기회를 한반도의 비핵화로 연결시키기를 원했다. 이 무렵에 핵무기를 개발하고 있던 북한을 남북한 회담을 통해 한반도 비핵화로 유도한다는 것이었다. 만약 남북한 핵회담이 성공한다면 북한의 핵개발을 막을 뿐만 아니라, 한국의 핵정책을 비핵정책에 확실하게 묶어둘 수 있다는 계산이었다.

미국의 일방적인 핵무기 철수 선언은 한반도에도 긍정적인 영향을 미쳤다. 1958년부터 미국이 남한에 배치해 놓은 전술핵무기를 모두 철수해 나가는 참에, 한국이 북한에게 비핵화를 요구하여 핵무기 개발을 포기시키게 된다면 한반도는 핵무기가 없을 뿐만 아니라 핵무기를 만들지도 않겠다는 것을 상호 약속하게 되므로, 미국 정부로서는 차제에 남북한 모두를 비핵화시키게 되어 두 마리 토끼를 동시에 잡을 수 있다고 생각했다.

한편, 1991년 11월 8일, 노태우 대통령은 미국과 협의 끝에 "비핵화와 평화구축을 위한 선언"을 발표했다. 이 선언에는 남한이 핵재처리시설과 농축시설을 보유하지 않겠다는 것과 핵무기 제조, 보유, 저장, 배치, 사용을 하지 않겠다는 내용이 포함되어 있었다. 동 선언에서 북한으로 하여금 한반도 비핵화에 동참할 것과 핵시설에 대한 IAEA의 사찰을 수용할 것을 촉구했다.

미국과 한국이 취한 두 가지 선제조치들은 북한으로 하여금 비핵화협상에 참가하도록 미리 설계된 것이었다. 북한은 1985년에 NPT에 가입했지만, IAEA의 핵안전조치협정에 가입하지도 않았고, 핵시설에 대한 사찰을 받지 않고 있었다. 북한은 그때까지 한반도에서 미국의 핵위협이 제거되고, 핵무기가 철수된다면 IAEA와 핵안전조치협정을 체결하겠다고 말하고 있었다.

북한은 위의 두 가지 조치들을 환영하면서 각각 한국 및 미국과 개별적으로 핵협상을 개최할 준비가 되어 있다고 주장했다. 때마침 남북고위급회담이 개최되고 있었으므로 남한 측이 먼저 제안하고 북한 측이 동의하여 남북한 간에 핵협상을 개최하게 되었다.

협상 경과

1991년 12월 13일, 남북한이 기본합의서를 서명함에 따라 12월 26일 남북한 양측 핵전문가들은 핵대화를 시작했다. 남북한 간 핵협상은 두 시기에 걸쳐 진행되었다.

제1라운드 협상1991.12.16.~1992.3.13.은 남북한 간 핵전문가 회의에서부터 남북 핵통제공동위원회South-North Joint Nuclear Control Commission 출범 직전 시기이다. 제2라운드 협상1992.3.14.~1993.1은 남북 핵통제공동위원회가 발족되어 협상이 결렬될 때까지로 남북한 간에 상호

핵사찰을 논의한 시기이다.

제1라운드 협상에서 한국의 협상목표는 북한의 재처리시설과 핵 개발프로그램을 포기시킴으로써 한반도의 비핵화를 달성하며, 북한으로 하여금 IAEA와 핵안전조치협정을 체결하고 IAEA의 핵사찰을 수용하도록 만드는 것이었다. 남한은 협상하기 힘든 남북한 상호사찰문제를 제2라운드 협상 의제로 미루었고 북한도 어려운 상호사찰에 대해 제2라운드에서 협상하자고 하였다.

북한의 제1라운드 협상 목표는 부시대통령의 선언에 따라 미국의 핵무기가 한반도로부터 완전히 철수되었는지를 확인하며, 한미연합 훈련인 팀스피리트 훈련을 영원히 취소시키는 것과, 한반도 비핵지대화를 통해 미국의 한국에 대한 핵우산 제공 및 미국의 전략폭격기와 함정이 핵무기를 한반도에 진입하는 것을 금지시키고자 하였다.

제1라운드 협상의 결과, 남한은 북한의 핵재처리시설 포기 약속을 받아 냈으며, 북한이 IAEA와 핵 안전조치협정을 맺고, IAEA의 사찰을 수용하는 대가로 팀스피리트 훈련을 취소하기로 합의했다. 북한은 팀스피리트 연습의 취소를 조건부로 북한 핵재처리시설의 포기 약속과 한반도의 비핵화공동선언에 합의했다. 비핵화공동선언에서는 사찰에 대해서 "남과 북은 어느 한쪽이 선정하고 양쪽이 합의하는 대상에 대해서 핵통제공동위원회가 정하는 절차와 양식에 따라 사찰을 실시한다"고 규정했다.

그래서 제2라운드 협상에서는 남북한 핵통제공동위원회를 가동시켜서 남북한 간 상호사찰에 대해 본회의를 13차례 개최했다. 제2라운드 협상은 남북 핵통제공동위원회가 구성되어 본 회의와 실무회의를 개최했다. 이 협상에서 남한의 협상목표는 북한으로 하여금 침투성이 강한 남북한 간의 상호 사찰을 받아들이도록 하는 것이었다. 왜냐하면 IAEA의 사찰은 피사찰국가가 반대하면 특별사찰을 실시할 수 없다는 맹점이 있었기 때문에, 북한이 IAEA에 신고하지 않은 시설에 대한 사찰이나, 사찰을 방해하면 사찰을 철저하게 실시할 수 없었기 때문이다.

이에 반해 북한의 목표는 침투성이 약한 IAEA의 사찰은 받아들이되, 남한이 주장하는 침투성이 강한 사찰은 최대한 받지 않으려는 것이었다. 북한은 사찰관련 협상을 지연시키기 위해 온갖 수법을 다 동원하였다. 남한은 제1라운드 핵협상에서 관철시키지 못했던 특별사찰을 관철시키려고 했다. 즉, "언제 어느 시설이든지"사찰할 수 있도록 북한 측에 요구했다. 그리고 사찰에 예외지역이 있어서는 안 된다고 강력하게 주장했다. 미국정부는 한국정부에게 매년 48회 사찰그 중 24회는 특별사찰을 북한에 관철시켜 달라고 주문했고, 핵문제에 진전이 없으면 남북한 간의 일반적인 관계에 진전이 있을 수 없음을 분명하게 해 줄 것을 주문했다.

이에 반해, 북한은 남한의 특별사찰 주장은 비핵화공동선언의 4항에 위배된다고 끝까지 우겼다. 4항의 내용은 "비핵화를 검증하기 위해 상대측이 선정하고 쌍방이 합의하는 대상들에 대하여 남북핵통제공동위원회가 규정하는 절차와 방법으로 사찰을 실시한다"고 되어 있다. 북한은 이 4항을 인용해서 남한이 주장하는 특별사찰은 상대측이 선정하는 대상에 대해 쌍방이 합의하지 않고도 사찰을 하자고 주장하는 것이므로 비핵화공동선언에 위배된다는 것이었다. 남한은 무슨 사찰이든 남북핵통제공동위원회가 규정하는 절차와 방법으로 사찰을 실시하면 되기 때문에 핵통제공동위에서 합의하면 된다고 주장했다. 그러나 사찰대상 선정 방법은 비핵화공동선언에서 상대측이 선정하고 쌍방이 합의한다고 되어 있기 때문에 쌍방이 합의하지 못하면 사찰이 실시되지 못하는 것으로 되어 있었다고 할 수 있다. 사실상 남한의 주장은 모법인 비핵화공동선언을 자의적으로 해석한 면이 있었다.

남북한 협상에서 남북한 간 상호사찰제도에 대한 합의가 이루어지지 않고, 진전이 없자 남한은 북한이 특별사찰을 포함한 남북 상호핵사찰을 수용하지 않으면, 1993년도 팀스피리트 연습을 재개할 수 밖에 없다고 하면서, 북한을 압박했다. 즉, 1992년 10월 제24차 한미연례안보협의회의에서 한미 양국은 "남북 상호핵사찰 등에 대한 의미 있는 진전이 없을 경우, 한미 양국은 1993년도 팀스피리트 연습을 실시하기 위한 준비조치를 계속한다"는 공동성명을 발표하였다. 북한은 남한의 팀스피리트 훈련의 재개 언급을 격렬하게 반대했다.

따라서 북한은 남북한 간에 핵협상을 지속하려면, 팀스피리트 훈련 재개 성명을 철회하라고 요구했다. 이후 북한은 남한에게 "선 팀스피리트 재개 언급 철회, 후 남북한 핵협상"을 고집했고, 남한은 북한에게 "선 상호핵사찰합의, 후 팀스피리트 검토"를 주장하면서 회담은 진전이 없었다. 그러다가 한미 양국은 1993년 1월 26일 팀스피리트 연습 재개를 선언했으며, 북한은 남북한 대화를 중단시켰다.

성과

제1라운드 핵협상에서 남북은 한반도 비핵화 공동선언에 합의했다. 그 내용은 다음과 같다.

- 남과 북은 핵무기의 시험, 제조, 생산, 접수, 보유, 저장, 배비, 사용을 하지 아니한다.
- 남과 북은 핵에너지를 오직 평화적 목적에만 사용한다.
- 남과 북은 핵재처리시설과 우라늄 농축시설을 보유하지 아니한다.
- 남과 북은 한반도의 비핵화를 검증하기 위해 상대측이 선정하

고 쌍방이 합의하는 대상들에 대해 남북 핵통제공동위원회가
규정하는 절차와 방법으로 사찰을 실시한다.
• 남과 북은 이 공동선언의 이행을 위해 공동선언이 발효된 후 1
개월 안에 남북핵통제공동위원회를 구성·운영한다.

제1라운드의 협상 말기에 남북 핵통제공동위원회 구성운영에 관
한 합의서를 채택하고, 남북 각각 위원장 1명, 부위원장 1명, 위원
5명으로 구성하기로 하였다. 이에 따라 한반도 비핵화에 관한 공동
성명의 이행을 위해 1992년 3월부터 12월 까지 남북 핵통제공동위
원회 회의를 개최하여 비핵화 검증방법에 대해 토의했으나, 아무런
진전이 없이 끝났다.

한편, 북한은 IAEA에 북한이 자신있는 핵시설들만 신고했고, IAEA
에서는 사찰관들을 파견하여 북한이 신고한 시설들에 대해서 임시
사찰을 6회 실시했다. 물론 재처리 의혹이 있는 두 곳의 폐기물저장
소는 북한이 IAEA의 사찰요구를 거부했다. 북한이 5MW원자로에서
부스러진 핵연료봉을 가지고 재처리했다고 IAEA에 신고한 것 중에
서 IAEA는 정밀한 분석결과 중대한 불일치 사항이 있다는 것을 발
견하고, 북한에게 특별사찰을 요구했으나 북한이 거부했다는 사실
은 이 책의 제1장에서 설명한 바 있다.

평가

위에서 한반도비핵화공동선언에 남과 북이 합의한 것은 성과라고
지적했다. 그러나 그 후 상황을 보면, 북한은 비핵화공동선언의 한
조항도 준수하지 않았음이 발견된다. 재처리 시설도 계속 건설하고
있었고, 비밀리에 플루토늄 재처리를 하였으며, 플루토늄탄을 제조
하기 위해 고폭실험도 한 것으로 드러났다. 북한은 남북한 상호핵사

찰을 시종일관 거부했으며, IAEA의 느슨한 사찰만 받고 북한핵에 대한 의혹이 다 해결되었다고 고집했다. 반면에 한국은 비핵화공동선언의 모든 조항을 준수해왔다. 한국만 족쇄에 묶여서 북한의 핵실험에도 불구하고, 한반도비핵화공동선언의 약속을 계속 이행하고 있다. 이런 불공평성 때문에 우리 국민들 속에서 한국도 한반도비핵화공동선언을 폐기해야 한다는 주장이 나오고 있다.

한편 한반도비핵화공동선언을 합의할 때에 한국측 회담대표가 북한측 회담대표에게 팀스피리트 훈련의 취소를 약속했는데, 남북핵통제공동위원회의 회담에서 "1993년도 팀스피리트 훈련을 재개하겠다"고 한미 간에 공동성명을 발표한 것이 남북 간의 합의 위반이라고 하면서, 북한은 더 이상의 남북한 핵협상을 거부했다. 따라서 남북한 핵협상은 결렬되었다.

한반도비핵화공동선언에서는 북한의 비밀 핵개발 활동의 전모를 확인하고 검증하며, 폐기시킬 수 있는 비핵화 검증 제도를 확립하지 못하였다. 팀스피리트 훈련을 북측에 양보할 때에 구두로 합의했고 사찰규정을 연계시키지 못했기 때문에 두고두고 시빗거리가 되었다.

이슈 01 | **왜 미국의 부시행정부는 전술핵무기 철수 문제를 북한과의 협상 카드로 사용하지 않았을까?**

군축회담에서 무기를 많이 가진 측은 적게 가진 측에게 그 무기철수 카드를 사용하여 상대방을 군축시킬 수 있다. 이 좋은 카드를 미국은 대북한 협상에서 사용하지 않고 일방적으로 남한에서 핵무기를 철수해 버렸다.

필자는 그 후에 아버지 부시 행정부에서 국방차관을 역임한 바 있는 울포위츠Paul Wolfowitz교수에게 문의해 보았다. 1995년 1월 울포위츠 교수는 미국의 국가안보회의에서 스코우크로포트 안보보좌관이 주한미군의 핵무기철수와 북한 핵문제를 서로 연계 지을 필요성에 대해서 제기하였으나, 부시 대통령이 이를 원하지 않아서 그렇게 하지 않았다고 한 바 있다. 한국정부도 미국정부에게 주한미군의 핵무기를 철수시키려면 북한의 핵개발 포기가 선행되어야 한다거나 두 문제가 동시에 연계되어야 한다고 요구한 바가 없는 것으로 알려져 있다.

따라서 북한의 핵개발 포기와 주한미군의 핵무기 철수는 연계되지 않았고 미국의 일방적인 조치로 끝났다. 미국의 이러한 일방적인 전술핵무기 철수는 차후 남북한 고위급회담에서 남북한 간에 직접대화를 통해 핵문제를 풀 수 있는 전기를 제공하였다는 점에서 긍정적이지만, 귀중한 미국의 전술핵카드를 아무런 조건 없이 양보했다는 측면에서는 부정적인 결과를 낳았다고 볼 수 있다. 또한 북한의 핵개발 카드에 대해서 연계할 수 있는 핵카드가 없는 한국은 재래식 군사훈련인 팀스피리트 연습을 카드로 걸어야 했으니 안보라는 측면에서 보면 분명 주한 핵무기 철수는 아무런 반대급부를 얻지 않고 버린 카드가 되어 버렸다.

이슈 02　팀스피리트 훈련은 왜 중단했나? 연합훈련 중단 카드는 잘 사용되었나?

1991년 12월 31일 회담장소에서 남북 대표들이 회담을 하다가, 북측 대표가 한 밤중에 남측 협상대표를 회담장 구석으로 불러내었다. 북측 대표는 귓속말로 속삭였다. "남한측이 팀스피리트 훈련을 중단하면 비핵화공동선언에 서명해 줄 수 있다"고 하였다. 남측 대표는 그러자고 약속했고, 양측은 밤 12시가 다 되어서 비핵화공동선언에 서명했다. 그런데 이 약속은 구두로 했기 때문에 서면 합의서가 없다. 그래서 뒤에 큰 문제가 발생하게 된다. 그리고는 1992년 1월 7일 오전 10시에 남측은 "1992년도 팀스피리트 훈련을 취소한다"고 짤막하게 발표했다.

이로부터 한 시간 뒤인 1월 7일 오전 11시에 북한 외무성 대변인이 "북한은 가까운 시일 내에 IAEA와 핵안전조치협정을 맺고 연이어서 가장 빠른 시일 내에 IAEA의 사찰을 받기로 하였다"고 발표했다.

그런데 북한이 말한 "가까운 시일 내에"가 며칠 뒤인지 알 수가 없었다. 그리고 "연이어서 가장 빠른 시일 내에"는 며칠 뒤인지 더군다나 짐작할 수가 없었다. 북한이 그 후 취한 행동을 보면 "가까운 시일 내에"는 20일, "연이어서 가장 빠른 시일 내에"는 100일 정도를 의미했다. 이런 불확실한 구두 약속에 팀스피리트 훈련을 취소했던 것이다. NPT 회원국은 반드시 IAEA와 핵안전조치협정을 맺고 IAEA의 사찰을 받아야 하는 의무사항이다. 여기에 팀스피리트 훈련 취소를 양보했으니, 우리의 협상이 잘 되었다고 할 수는 없다.

문제는 그 구두약속 이후에 벌어진 사태이다. 북한은 자발적으로 신고한 시설에 대해서만 IAEA 사찰을 받은 반면, 숨겨 놓은 시설은 IAEA에 신고도 하지 않았고, 숨어서 핵개발을 계속 했다. 남북한 상호핵사찰 문제에 대한 남북한 핵통제공동위원회에서의 협상에서는 북한측이 시간만 끌었다. 회담 7개월 차, 한국측은 북한측의 남북한 간 상호사찰에 대한 성의를 촉구하기 위해 1992년 10월 한미연례안보협의회의에서 "남북 상호 핵사찰 등 북한이 성의를 보이지 않는 한, 한미 양국은 1993년도 팀스피리트 훈련을 재개하기 위한 준비를 해나간다"고 한미 공동선언을 발표했는데, 북한이 이를 트집 잡아 "팀스피리트 재개선언"을 철회하지 않으면 핵사찰 협상에 응할 수 없다고 하면서 회담이 지연되다가, 1993년 1월에 한미 양측이 팀스피리트 훈련 재개를 발표하자 남북 핵회담은 깨어지게 되었다.

뒤에 알게 된 사실은 북한측은 1991년 말 남북한 협상에서 팀스피리트 "영구 중단"을 약속 받았다고 우기고 있었고, 한국측은 "1992년 1년만" 팀스피리트 훈련을 취소한 것이었다고 주장하고 있었다.

한미 양측은 1993년도 팀스피리트 훈련을 재개하였고, 북한은 이에 대해 거세게 반발하다가 1993년 3월 12일 "NPT를 탈퇴한다"고 선언하고 탈퇴해 버렸다. 그 후 북핵문제에 대해서 한 번도 남북회담을 가진 적이 없다. 북한은 미국하고만 회담을 하였다. 그후 1994년도에 북미 제네바회담의 진전을 위해서 미국측이 1994년 팀스피리트 훈련을 취소했으며, 1995년부터 북미제네바 합의를 존중하는 분위기 조성을 위해 팀스피리트 훈련은 사라졌다.

북한 비핵화와 관련하여 팀스피리트 훈련 중단을 다시 살펴보는 이유는 무엇일까? 지금 북핵이 엄중해진 2017년의 상황에서 다시 한 번 한미연합훈련의 중단과 북한의 핵실험 및 미사일 시험 중단을 연계시켜야 한다는 즉 쌍중단 주장이 일어나고 있다. 한미연합훈련은 중단되면 다시 재개되기 힘들다. 북한이 핵실험과 미사일 시험을 하게 되면 한국과 미국은 북한에게 벌 줄 방법이 없다.

한 번의 실수는 한 번에 족하다. 문서로 연합훈련 중단과 북핵 동결 범위와 동결된 대상을 검증할 수 있는 엄격한 절차가 합의되지 않으면 똑같은 실수가 되풀이 될 수 있다. 역사적 교훈을 철저하게 새기고, 철저하게 비핵화를 할 수 있는 합의와 그 실천이 있어야 한다.

이슈 03 협상이 결렬될 때에 북한의 다음 행동이 무엇일까에 대해 잘 예측해야 하지 않을까?

북한의 다음 행동을 올바로 예측할 수 있다면, 협상에서 뿐만 아니라, 다음 대처도 더 잘할 수 있다. 그런데 1993년 팀스피리트 연합훈련을 재개할 때에 우리는 북한의 다음 행동을 잘 예측했던가?

1992년 대부분의 남한 협상가들은 1993년에 한미 양국이 팀스피리트 연습을 재개할 경우 북한이 1993년 가을쯤은 남북한 핵협상에 다시 돌아 올 것이라고 예견했다.

그러나 필자는 남북핵협상 평가 회의에서 "우리 측이 만약 팀스피리트 1993년 연습을 재개하게 되면, 북한은 앞으로 남북회담에 나오지 않을 것이며, 핵 협상이 있기 이전으로 돌아갈 뿐 아니라 북한이 더 중대한 조치도 취하게 될 것"이라고 의견을 개진한 바 있다.

이에 대해 대부분의 참석자들은 1990년과 1991년에도 팀스피리트 연습이 있었던 상반기에는 북한이 고위급회담 준비회의 및 고위급회담에 나오지 않았으나, 후반기에 북한측이 회의에 나온 점을 예로 들면서 1993년 하반기에는 북한이 다시 대담한 협상에 나오게 될 것이라고 매우 안이한 판단을 하면서, 필자의 의견을 반박하였다.

그러나 그 이후 북한은 NPT를 탈퇴했고, 다시는 남한과의 핵회담을 갖지 않았다. 돈 오버도퍼Don Oberdorfer는 두 개의 한국The Two Koreas이란 저서에서 1993년 1월에 있은 한미 양국의 팀스피리트 연합훈련의 재개 발표를 남북한 관계에 큰 영향을 끼친 실수로, "마른 하늘에 날벼락bolt from the blue"같은 조치라고 말하기도 하였다.

미국 대 북한의 핵협상 (1993년 6월 2일-1994년 10월 21일)

배경

1993년 1월 26일, 한국은 북한이 상호핵사찰 규정에 대한 협상을 거부했기 때문에 1993년도 팀스피리트 연습을 재개한다고 발표했다. 3일 뒤 남북고위급회담의 북한 측 대표는 남북 당국 간 대화를 중단한다고 성명을 발표했다. 2월 8일에 IAEA는 그동안 북한 핵시설에 대한 사찰결과와 북한이 신고한 사실 간의 중대한 불일치를 발견했다고 하면서 북한의 납득할 만한 해명을 요구했다. 이에 대한 북한의 해명이 신뢰성이 없다는 이유를 들어, IAEA는 2월 25일 IAEA 정기이사회에서 "북한은 IAEA와의 핵안전조치협정에 모든 협조를 제공할 것과 미신고 시설인 핵폐기물저장소 두 곳에 대한 특별사찰을 실시할 것"이란 결의를 통과시켰다. 이에 북한이 불응할 경우 IAEA는 이 문제를 UN안보리에 보고하겠다고 북한 측을 압박했다.

북한은 "IAEA의 특별사찰 요구가 부당하며 국가의 최고이익을 침해한다"고 반박하며, NPT 본문 10조에 근거하여, 1993년 3월 12일 NPT의 탈퇴를 선언했다. 여기서 북한은 국가의 최고이익을 수호한다고 하는 이유를 들었는데, 이것은 핵문제 전개 이후 처음으로 북한이 직접적으로 국가이익에 대해 언급한 대목이다. 즉, "자주권과 민족의 존엄에 대한 침해를 시정하고 사회주의제도 압살에 대한 방어조치로서 NPT를 탈퇴하지 않을 수 없다"고 주장하였다.

북한이 NPT탈퇴선언을 하자, 미국을 비롯한 핵보유국들과 유엔에서는 비상 사태가 발생했다. 1995년 4월에 뉴욕에서 "NPT의 무기한 연장이냐, 개정이냐, 철폐냐"에 대하여 NPT회원국 전원이 모여서 평가회의를 개최하기로 되어 있었다. 이때에, 미국은 NPT의 주도국으로서 북한 핵위기를 1995년 4월 이전까지 해소시켜야 한다는 압박감과 책임감을 느꼈다. 한편, 북한은 "미국과의 직접 협상만이 문제를 해결할 수 있다" 혹은 "미국과 협상만 하면 핵문제가 해결될 수 있다"고 하면서 미국과의 직접 협상만을 요구하고 있었다. 미국 정부는 북미회담을 개최하기로 결정했다.

이슈 01 북미회담이냐, 남북미 3자회담이냐의 역사적 갈림길에 서다

1993년 4월 22일 피터 타노프Peter Tarnoff미국 국무부 정무차관이 방한했다. 4월 23일은 권영해 국방장관, 김영삼 대통령과 면담이 예정되어 있었다. 4월22일 저녁, 필자는 공로명 주일대사 내정자당시, 노재봉 전 국무총리와 함께 타노프 정무차관과의 만찬에 초청되었다. 이 자리에서 필자는 타노프 정무차관에게 "만약에 북·미 직접협상을 갖게 되면, 북한이 한국을 젖히고 미국과 직접 딜을 시도하는 것이기 때문에 앞으로 두 가지 큰 문제를 초래할 것이다"고 설명하면서 "북미 직접대화 보다는 남북미 3자 대화가 훨씬 낫다"고 제안했다.

첫째, 북·미 직접협상을 하게 되면 북한은 앞으로 핵문제에 대해서 남한과의 협상을 절대 하지 않을 것이기 때문에 한국은 철저히 배제될 것이다. 둘째, 최초 문민정부인 김영삼 정부는 대북 문제의 주도권을 놓치고 북한에 계속 끌려 다니게 되어 국민적인 지지기반이 약화될 것이다"라고 설명했다. 이 설명을 듣고 타노프 차관은 앞으로 미·북 회담은 1차례1992년 1월, 부시 행정부 때 캔터-김용순 회담을 1차례 가졌던 것과 같이 실시될 것이라고 하였다.

그러나 그가 워싱턴으로 돌아간 뒤 1개월이 채 지나기도 전에 미국 정부로부터 북미 직접 회담이 결정되었다고 통보가 왔다. 북핵 문제를 풀기 위해서 북미회담 혹은 남북미 3자회담, 혹은 어떤 형태의 회담이 가장 효과적일 것인가에 대해서 우리 정부 내에서 혹

은 한미 양국의 정부 간에 격렬한 토론이 있어야 했다. 이때 이후 북핵문제는 북미 회담으로 진행되어 갔으며, 한국은 북한의 통미봉남 전술에 시달리게 되었다. 북한은 핵문제는 미국 하고만 대화해야 한다고 계속 주장하게 되었다.

협상 경과

미북 핵협상이 어떻게 전개되었으며, 양측은 어떻게 합의에 이르게 되었는지를 조사하기 위해 필자는 로버트 갈루치(Robert Gallucci) 미국 협상대표와 협상단 모두를 1995년 12월에 일주일 간 워싱턴에서 만나 인터뷰 했다. 갈루치 대사와는 1995년 이래 2005년 까지 모두 20여 회를 만나서 심도 깊은 인터뷰를 한 적이 있다.

미북 접촉 시도는 북한이 NPT탈퇴를 선언하고 난 후부터 시작되었다. 그 이전까지는 한반도 군사문제에 대해 북한이 북―미 직접대화를 계속 주장해 왔으나, 한미 양국은 군사정전위원회를 통해서 토의하거나, 북한이 주장했던 남―북―미 3자회담도 받아들이지 않았다는 사실을 기억할 필요가 있다.

북한은 IAEA에서 미국이 주도하여 특별사찰을 결정한 것과, IAEA 사상 처음으로 북한에 대해서 특별사찰을 결의한 것은 IAEA가 국제기구로서 공정성을 잃었다고 주장하면서 IAEA의 특별사찰을 거부했다. 또한 북한은 자기네들이 소위 "핵전쟁연습"이라고 주장해 온 팀스피리트훈련을 한미 양국이 재개했으며, IAEA가 군사기지까지북한은 자기들이 보여주기를 거부하는 고준위폐기물저장소를 군사기지라고 우기고 있었음.
사찰하려고 했기 때문에 NPT에서 규정한 국가의 최고이익이 침해될 위기 상황이 왔으므로 NPT를 탈퇴한다고 주장했다.

한편 북한은 NPT 탈퇴 선언 이후에 "미국과 직접 협상만 하면 모든 문제가 해결될 수 있다"고 하면서 미국과의 직접 협상에 올인했다. 미국은 북미 직접 협상을 갖기로 하고, 1993년 6월 2일부터 미국 뉴욕에서 북미 고위급회담을 개최하기에 이르렀다.

미국과 북한은 모두 3라운드에 걸친 핵 협상을 가졌다. 제1라운드 협상은 1993년 6월 2일부터 11일까지 미국 뉴욕에서 개최되었다. 제2라운드 협상은 1993년 7월 14일부터 19일까지 스위스 제네바에서 개최되었다. 그리고 제3라운드 협상은 1994년 8월 8일부터 13일까지와 9월 23일부터 10월 17일까지 스위스 제네바에서 개최되었다.

제1라운드 협상에서 미국의 목표는 두 가지였다. 첫째는 북한을 NPT에 복귀시켜 IAEA의 사찰을 계속 받게 하는 것과, 둘째는 외교를 통해 한반도의 평화를 유지시키는 것이었다. 북한의 목표는 미국과의 고위급 정치대화를 통해 평화협정을 체결함으로써 주한미군을 철수시키고 팀스피리트 연습을 영구히 취소시키는 것, 미국으로부터 북한체제의 생존을 보장받는 것과 북한에 대한 미국의 핵 및 군사적 위협을 중지시키는 것. 그리고 핵문제에 대해서는 최소한의 투명성만 제공하는 한편, 북미회담을 이용하여 남한을 따돌리는 것通美封南 등이었다. 미국은 북한을 NPT에 다시 복귀시키는 것이 매우 중요하다고 생각했기 때문에 북한과 고위급 협상을 갖기로 결정했다. 뉴욕에서 개최된 제1라운드 협상에서 북미 양국은 다음 네 가지 사항에 합의했다.

1) 핵무기를 포함한 무력사용과 위협을 하지 않기로 보장
2) 핵무기 없는 한반도에서 평화와 안보확보
3) 모든 범위의 핵안전조치의 공정한 적용
4) 북한은 필요하다고 인정하는 기간 동안 NPT에 체류

협상의 결과, 북한은 미국과 직접협상을 성취시켰을 뿐 아니라 미

국과 동등한 협상자로서 공동성명에 합의하는 성과를 얻었다. 이것은 남북 분단 후 처음으로 미국과 정부 대 정부의 고위급 협상을 한 것으로 북한은 "김정일이 핵카드로 얻은 정치외교적 승리"라고 자축했다. 한편 미국은 북한을 NPT에 묶어두는 이익을 얻었다. 그러나 북한은 여기에 조건문을 붙였는데, "북한이 필요하다고 생각하는 기간 동안에만 NPT에 머문다"는 것이었다. 필자가 갈루치 미국 협상 대표에게 물어본 바에 의하면 "미국은 북한에 대해 특별사찰을 요구하지 않았다." 따라서 북한의 과거 핵활동 행적에 대해서 사찰할 방법은 날아가 버렸다고 할 수 있다.

한편 북한은 미국과 평화협정을 체결하지 못했다. 합의된 사항 중, "모든 범위의 핵안전조치의 공정한 적용"은 미국 국내에서 논란거리가 되었다. 북한이 NPT를 탈퇴하는 이유로서 IAEA의 공정성을 문제 삼았었기 때문에, 이 합의조항은 미국이 마치 북한의 NPT탈퇴 이유를 정당화시켜 주는 것과 동일한 효과가 있었기 때문이다.

제2라운드와 제3라운드 협상에서는 협상의 목표가 바뀌었다. 북한이 흑연감속로를 경수로로 교체하기를 희망함에 따라, 미국의 목표는 과거 핵시설에 대한 사찰보다는 북한의 현재 및 미래의 핵관련 시설과 계획을 동결시키는 것과 흑연로를 경수로로 교체하여 북한에 경수로를 제공해 주는 것으로 변경되었다.

북한의 협상목표는 더 구체적이 되었다. 미─북 관계 정상화와 현존하는 원자로를 동결하는 대신에 대체 에너지 제공을 요구하였다. 협상이 진전되다가, 2라운드와 3라운드 사이에 13개월의 대화 공백이 있었다. 북한은 모든 핵시설을 IAEA의 핵안전조치 사찰대상으로 허용하는데 주저했으며 IAEA의 사찰을 방해했다. 미국 측은 이 공백기간 중에 경수로 프로젝트의 비용을 부담할 국가를 찾아내는 데에 사용했다. 그리고 남한정부가 경수로 비용의 상당한 부분을 부담하겠다는 용의를 나타내었기 때문에 미국은 내심 환영하는 분위기였다. 남한은 경수로 비용부담을 해 주는 대신에 차후의 미북 핵합의에 북한으로 하여금 남북대화에 임하도록 권장하는 조항을 넣어 달라고 주문했고, 북한은 이러한 조항을 넣은 것에 대해서 격렬한 반대를 했기 때문에 북-미 협상이 지연되었다.

3라운드 핵협상이 시작되기 전에, 한반도에 핵위기가 발생했다. 1994년 5월, 북한이 영변의 5MW 원자로에서 8,000여 개의 핵 연료봉을 꺼내기 시작했던 것이다. 이것은 북-미 협상의 마지노선으로서 미국이 북한에게 절대 하지 말 것을 경고했던 것이었다. 이렇게 되자, 미국과 국제사회는 북한에 대한 제재를 논의하기 시작했다. 북한은 "대화에는 대화, 제재에는 전쟁"이라고 하면서 국제사회에 협박을 가했다. 미국 행정부는 북한에 대한 군사제재를 검토하기 시작했다.

위기를 극복하고자, 1994년 6월 지미 카터 전 미국 대통령이 평양을 방문하여 김일성 주석을 만났다. 카터 대통령은 김 주석에게 지금 당장 핵을 동결해야만 위기가 해소될 수 있다고 말했고, 김 주석은 핵 계획을 당장 동결하고, 남북정상회담을 갖겠다고 제의했다. 그러나 7월 8일에 김 주석이 사망했다. 북한의 내부 수습기간을 지나, 1998년 8월 4일 제네바에서 제3라운드 미북 핵회담을 개최하기로 합의했다.

1994년 8월 13일, 북미 양국은 합의에 이르렀다: 1)북한은 현존 핵활동을 동결하고, 미국은 북한에 대해 경수로를 제공키로 합의했다. 2)양국의 수도에 외교대표부를 설치하며, 무역과 투자장벽을 감소시키는 조치를 취함으로써 양국 간 완전한 정치 및 경제적 관계의 정상화를 향해 나가기로 하였다. 3)미국은 핵무기의 불위협 및 불사용에 대한 보장을 북한에 제공하기로 하였다. 4)북한은 한반도비핵화공동선언을 이행하기로 합의하였다.

8월의 합의문에 이어서 10월 21일에는 완전한 제네바 합의가 이루어졌다. 제네바 합의에 의하면, 북한은 흑연감속로와 관련 핵시설을 동결하고 IAEA가 동결된 핵 시설을 감시하기로 하였다. 북한은 NPT회원국으로 남고, IAEA의 핵안전조치협정을 이행하기로 했다. 미국은 북한에게 2000MW급 원자로를 제공할 컨소시움을 조직하기로 합의하고, 북한의 흑연감속로 동결로 인해 발생하는 에너지손실을 보전하기 위해 중유를 제공하기로 했다.

성과

제네바 합의에는 북한, 미국이 각각 이행해야 할 사항과 기타 사항에 대해 규정하고 있다.

■ 북한이 이행해야 할 사항
- 흑연감속로 및 관련시설 동결
- 재처리시설 봉인 및 폐쇄
- 50MW, 200MW원자로 건설 중단
- IAEA사찰 계속
- 미·북한 연락사무소 교환 설치, 대사급 관계로 점차적인 격상
- 북한에 대한 무역·투자 제한 완화
- 제네바 핵 합의가 이행되어감에 따라 한반도 비핵화 공동선언 이행과 남북대화 착수
- 북한에 대한 경수로의 핵심부품 공급 이전에 북한이 IAEA에 신고하지 않은 시설에 대한 IAEA의 안전조치의 전면이행
- 폐연료봉의 안전보관 및 궁극적인 해외반출허용
- 흑연감속로 및 관련 시설을 궁극적으로 해체

■ 미국이 이행해야 할 사항

• 제1경수로 가동 시까지 매년 중유 제공 책임'94~'95년: 5만 톤,
  1995년 이후: 매년 50만 톤

• 핵무기 불위협·불사용을 북한에 문서로 보장

• 무역·투자 제재 완화

• 미·북한 연락사무소 교환 설치, 대사급 관계로 점차적인 격상

• 대북한 경수로 제공을 위한 국제컨소시엄한반도 에너지개발기구,KEDO
  설립 및 경수로 사업 주 감독자 역할

• 경수로 1, 2호기 준공·가동 주선 책임

■ 파생된 사항으로서 한국이 이행해야 할 사항제네바합의 이후, 1995.3.9. 한
  반도 에너지 개발기구 설립에 관한 협정에서 유래

• 경수로 비용 부담총 공사비 45억 달러 중 70% 한국이 부담 및 한국형 경
  수로 1000MW 2기 건설에 중심적 역할 수행

• 남북대화 추진

북미 제네바합의의 성과를 다시 간략하게 요약한다면, 북한이 흑
연감속재형 원자로와 재처리시설의 운전을 가동중단하고, 건설 예
정인 원자력발전소 2기의 건설을 포기하며, 미국이 중심이 되어 컨
소시엄을 만들어 북한 측에 경수로를 제공하며, 미국은 경수로가 완
공될 때까지 대체에너지인 중유를 북한에 제공한다는 것이다.

그리고 미국은 북한과 정치적, 경제적 관계개선을 진행시켜 나간
다는 것이다. 이 과정에서 한국은 경수로 제공의 중심적 역할을 수
행하기로 되었다. 실제로 한국은 1000MW경수로 2기의 건설 비용
총 45억 달러 중에서 70%인 32억 달러 정도를 부담하고, 일본은
20%, 나머지는 EU 국가들이 부담하기로 하였다.

한편 미국이 북한에 제공하는 중유가 군사적으로 전용될 수 있는 우려를 해소하고자 1995년에 진행된 미·북한 간 실무회담에서 선봉화력발전소의 중유공급 파이프에 계측기를 설치하기로 합의했고, 북한이 군사용으로 전환시키지 못하도록 중유전용 감시방안이 보강되었다. 북한의 폐연료봉 처리와 관련하여서도 미국이 제시한 안전한 보관조치를 하기로 합의하였다. 물론 폐연료봉의 궁극적인 해외반출은 북한에 제공될 경수로가 완공되는 시기와 맞물려 있었다. 연이어 경수로 부지 조사단이 북한을 방문하였고 1995년 12월 경수로 공급협정 타결이 끝난 후 다시 부지 조사단이 북한을 다녀왔다.

제네바 합의는 초반에 그럭저럭 잘 진행되고 있었다. 그러나 1998년 8월 북한이 대포동－1호 장거리미사일을 시험발사함으로써 한반도와 동북아의 지역적 안정을 해치는 행위를 했고, 북한이 핵무기를 지속적으로 개발하고 있다는 의혹이 증폭되어가자 제네바합의체제에 대한 도전이 증가하기 시작했다.

이슈 02 제네바합의의 성과에 대해 한국과 미국, 북한의 자체 평가를 들여다 볼 필요가 있다.

먼저, 한국정부는 제네바합의의 성과를 3가지 정도로 설명한 바 있다. 첫째, 북한 핵문제를 둘러싸고 전쟁의 위기에까지 도달했던 한반도의 안보위기를 해소하였다는 것이다. 둘째, 북한의 과거 핵개발 행적을 규명하지는 못하였으나, 북한의 현재와 미래의 핵개발 활동을 근본적으로 저지할 기제를 갖춤으로써 핵무기의 대량생산 가능성을 차단했다는 것이다.미국측의 발표 인용 셋째, 북한에 대한 경수로 제공시 중심적 역할을 함으로써 궁극적으로는 남북한 간의 원자력 협력을 증가시킬 수 있을 뿐 아니라 교류협력의 물꼬를 트고 결국 북한을 개혁개방으로 유도하여 통일의 국가이익을 증진할 수 있다는 것이다.

미국정부가 주장한 제네바 합의의 성과는 어떠했는가? 1995년 2월 말 발간된 미 국방부 동아시아·태평양지역 안보전략보고서에는 제네바 핵합의의 성과에 대해서 아래와 같이 적고 있다. 첫째, 제네바합의는 동북아 지역 내 국가들의 가장 중요한 안보문제를 해결함으로써 동북아의 안정과 평화의 유지에 중요한 진전이 되고 있다. 둘째, 북한은 현재 추출된 연료봉을 재처리함으로써 획득할 수 있는 25-30kg의 플루토늄을 획득하지 못할 것이고, 또 미래에 완공시킬 수 있었던 대규모의 플루토늄이 생산가능한 원자로 2기를 동결시켰다. 미국 정부는 이 두 개의 원자로가 준공될 경우, 매년 150kg이상의 플루토늄을 생산할 수 있는 용량을 가지고 있기 때문에 이는 30개 정도의 원자탄을 만들기에 적합한 양이라고 하면서 30-60개의 플루토늄탄 생산을 저지했다고 자체 평가했다. 셋째, 제네바합의는 북한의 핵활동 동결상황을 IAEA가 확인하도록 하였으며, 북한의 과거 핵활동 문제를 북한에게 경수로의 핵심부품이 인도되기 직전에 IAEA의 핵 안전조치를 전면 이행토록 함으로써 해소할 수 있다. 넷째, 불안정적인 핵확산 위험을 초래할 핵관련시설을 궁극적으로 해체시키도록 하였다. 이 마지막 사항은 북한이 핵무기를 개발하지 않도록 NPT가 보장할 수 있는 것보다 훨씬 강한 의무를 부과함으로써 동 합의서가 NPT보다 더 진전되었다고 평가하고 있다.

북한은 제네바합의의 성과를 무엇이라고 말했는가? 북한은 미국과 직접 핵협상에서 제네바 합의를 이끌어 낸 점을 "자주적 외교의 승리"라고 선전하였다. 그리고 제네바 핵합의는 미국의 대북한 적대시 정책을 변경시키고 북·미 사이의 적대관계를 해소하는 데 기여할 것이고, 핵문제는 종국적으로 해결될 것이라고 하며 여유를 보였다. 미국과 직접 접촉을 통해 한국정부를 최대한 외교적 궁지에 몰아넣었다고 간주하는 한편, 앞으로도 미북 관계 개선의 과정에서 한반도 군사 문제도 토의할 수 있는 발판을 마련함으로써 통일문제에 있어서도 주도권을 행사할 수 있다고 하였다. 그리고 경제적인 측면에서도 5MW 원자로의 동결 대신 중유를 공급받는 것에 만족을 표하고 차후 지속적이고 안정적인 중유공급의 확보에 관심을 나타내었다. 1995년 북한의 신년사와 같은 사설을 보면 북한의 제네바 합의에 대한 평가는 확실하게 나타난다.

"조·미 기본합의문은 조선반도 핵문제의 해결과 조·미관계 발전을 위한 하나의 이정표이며 두 나라 수반들이 보증한 무게 있는 문건이다. 미국이 합의문을 성실히 수행할 때, 조·미 사이의 적대관계는 해소되고 그것은 조선반도의 핵문제를 근원적으로 해결하고 이 지대의 비핵화를 실현하는 데로 이어지게 될 것이다. 우리는 자주·평화·친선의 원칙에서 세계 여러 나라 인민들과의 친선협조관계를 발전시켜나갈 것이며 제국주의자들의 침략을 저지시키고 군축, 특히 핵 군축을 실현할 것이다."

미북 제네바 합의를 종합적으로 평가해 보면, 북한, 미국, 한국이 각각 제네바합의의 성과를 자기편의 승리라고 자화자찬하고는 있지만, 중요한 차이점을 간과하고 있음을 알 수 있다. 미국은 북한을 NPT에 붙들어 두는 데 성공했다고 하였지만, 북한은 NPT에 복귀하겠다고 약속한 바가 없다고 하였다. 초반에 몇 년간 잠잠했지만, 3-4년이 지나자 차이점이 드러나기 시작했고, 북한이 숨어서 핵개발을 계속한다는 의혹이 커지면서 제네바 합의에 대한 신뢰가 금가기 시작하다가 2002년 10월 미국이 북한의 비밀 우라늄탄 개발의 의혹을 제기하자 깨어져 버렸다.

그러므로 제네바 합의의 문제점이 결코 만만치 않았다는 것이 증명되었다.

첫째, 북한 핵개발의 과거 행적을 규명하지 못하거나 과거의 핵개발을 묵인해주는 결과가 초래되었다. 왜냐하면 과거 핵개발 행적, 즉 플루토늄탄 개발 행적을 사찰하여 폐기시킬 수 있는 아무런 장치도 합의하지 못했기 때문이다. 이는 북한으로 하여금 핵 개발을 숨겨서 지속할 수 있는 기회를 제공해 주는 것과 다름없었다. 이것은 북한의 과거 핵활동 정보를 묵인하는 결과를 초래했으며, 사실상 검증의 강도와 범위를 축소시키는 결과를 초래했다. 1991년과 1992년에 남북한 핵협상을 할 때에 미국의 부시 행정부가 한국정부에게 요구하고 강조했던 북한에 대한 특별사찰은 물 건너가게 되었다. 미국은 북한핵시설에 대한 사찰방법을 IAEA에 의한 정기 및 임시사찰로 한정시켰다. 그리고 북한이 비밀리에 숨겨 오던 핵시설에 대한 사찰도 IAEA가 사찰을 하되, 경수로 핵심부품이 북한에게 공급되기 직전으로 미루었다. 사실 따지고 보면 미국의 협상자들은 미국이 아닌 제3국들이 경수로 건설비용을 전부 부담하기 때문에 미국과 소련 간의 군축회담에서처럼 초긴장상태에 있을 필요도 없었고, 이익 대비 비용을 엄격하게 계산할 필요가 없었을지도 모른다. 그리고 클린턴 행정부 임기 중에 북한의 NPT탈퇴 위기를 봉합하는 것이, 위기를 그대로 두어서 한반도와 국제사회의 긴장이 더 고조되는 것보다 낫다고 판단했을 수도 있다. 뒤에 알려진 사실이지만 갈루치 협상대표는 "당시에 북한 붕괴 위기설이 돌고 있었기 때문에, 경수로가 완공될 즈음이 되면 그 경수로가 한국의 소유가 될 수도 있다"고 낙관적인 전망을 하기도 했다고 한다. 다시 말해서, 미국과 소련간의 핵군축회담에서는 미국의 예산과 인력이 직접 소요되는 것이기 때문에 미국 의회의 감독 하에 매우 엄격한 협상을 했던 것에 비하면, 북한에 제공되는 경수로 비용을 미국이 아닌 다른 국가에서 부담하기 때문에 미국은 협상에 임하여 덜 엄격했을 수도 있다는 것이다.

둘째, 북한은 재처리시설과 5MW 원자로를 동결하고 있는 동안에 미국정부로부터 매년 중유 50만 톤을 받는 것에 만족을 표시하였다. 그리고 북한은 50MW와 200MW 원자력발전소를 건설할 계획은 있었지만 이를 건설할 수 있는 재원과 능력도 없었으며, 1980년대 후반에 미국이 구소련에게 부탁하여 그 원자력발전소 건설 지원을 중단하라고 부탁하여 사실상 중단된 상황에 있었던 것이다. 북한은 한반도에너지개발기구가 건설할 경수로의 중요부분이 완공되는 향후 6~7년간은 기존 시설을 동결만 하면 되었고, 이미 추출한 핵물질과 핵시설에 대한 비핵화 검증은 실시할 의무를 느끼지 않았다. 그 후에 알려진 바와 같이, 1997년 2월 귀순한 황장엽 전 노동당 비서는 필자와의 인터뷰에서 이렇게 말했다. "1994년 10월 21일 제네바합의 이후 첫 번째로 열린 노동당 비서국 회의에서 전병호 북한군수공업부장이 "제네바 합의로 6~7년 벌었다. 그동안 북한은 영변에 있는 주요 핵시설들을 다른 곳으로 옮겨 놓을 수 있는 시간을 벌었다."라고 했다"고 한다. 북한은 영변에 있던 주요 핵시설들과 핵무기 개발 인력과 시설들을 다른 곳으로 옮겨 놓았을 가능성이 크다. 앞에서 말한 바와 같이, 우라늄농축시설도 영변이 아닌 다른 곳에서 건설되었을 가능성이 크다. 북한은 제네바합의라는 보호막 아래에서 과거의 플루토늄 핵개발을 계속했고, 제네바합의에서 커버되지 않았던—원칙적으로는 한반도비핵화공동선언을 준수한다고 되어 있기 때문에 우라늄농축을 통한 핵무기 개발도 인정되지 않으나, 북한은 원자력발전소 건설 중단과 5MW 원자로와 재처리시설 중단만으로 다 되었다고 생각하고 우라늄농축은 제네바합의에 제한받지 않는다고 생각함 우라늄 농축을 통한 핵무기 개발을 파키스탄과의 협력을 통해 발전시켜 나가고 있었다. 이를 제지할 수 있는 효과적인 방법이 없었다. 그래서 결국 제네바합의는 깨어지게 되었다.

셋째, 경수로 건설비용의 대부분을 한국이 떠맡아야 한다는 것이었다. 총 비용은 45억 달러 규모였는데, 한국은 약 32억 달러를 부담하기로 했으며, 실제로 제네바합의가 파기되고 신포원자력발전소 건설이 중단될 때까지 한국정부는 11억 5,000만 달러를 지불했던 것으로 알려졌다.

일본은 4억 달러를 투입했던 것으로 알려졌다. 한국정부는 비용은 대부분 부담하고, 북미 핵협상에 참가하지도 못하고, 북한이 비핵화 약속을 지키는지 혹은 위반하는지에 대해서 감시감독하거나 강력한 이의를 제기할 수도 없었다.

넷째, 한국 정부는 미·북 직접 핵협상에서 배제되고 소외되었으며 그 결과 북한이 계속 남북대화를 거부하고 미국과만 관계를 개선하려고 하였기 때문에 한반도의 안보문제에 있어서도 배제되는 결과를 가져와 소위 말하는 북한의 "통미봉남" 전술에 말려들었다.

이슈 03 선한 경찰good cop과 악한 경찰bad cop 개념은 효과적이었는가?

경찰은 두 가지 기능이 있다. 하나는 시민에게 친절하게 봉사하는 기능을 말하는데, 이를 영어로 선한 경찰good cop 기능이라고 하고, 다른 하나는 강제력을 동원해서라도 법질서를 집행하는 기능인데 이는 강제력을 동원한다는 측면에서 영어로는 악한 경찰bad cop 기능이라고 부른다. 그런데 이것은 기능상의 분류이지, 실제로는 두 가지 기능을 다 해야 경찰이 성립한다.

그런데, 김대중 정부는 "선 비핵화, 후 남북관계 개선"을 주문했던 1990년대 초반 미국 공화당 부시행정부의 대북정책이 남북한 관계를 악화시킨 것으로 간주했다. 김대중 정부가 집권했을 때, 제1차 북핵위기가 해소되고 북미 간에는 제네바합의가 이행되고 있었으므로, 김대중 정부는 북핵문제는 미국이 맡고bad cop 역할을 하고, 남북관계 개선은 한국정부가 선한 경찰good cop 역할을 하겠다고 미국 클린턴 행정부에게 제안했다. 클린턴 행정부도 제네바합의 체제를 유지시켜야 하기 때문에 큰 이견은 없었다고 알려져 있다.

김대중 정부는 남북관계 개선을 시도하면서, "선 경제·후 군사" 원칙을 적용하여, 북한과의 경제·사회 교류협력을 시작했다. 군사적인 면에서는 미국이 북핵문제를 맡고, 재래식 군사면에서의 긴장완화와 신뢰구축은 한국이 맡겠다는 구상이었다.

그러나 실제로는 남북한 관계를 발전시키기 위해 정상회담, 장관급회담, 많은 남북교류협력이 있었지만 주로 북한에게 경제적인 지원을 제공하고, 군사적인 문제는 뒤로 미루었다. 1998년 8월 북한이 대포동 미사일 발사 시험을 한 뒤에 미사일문제마저 북미 회담으로 가게 되었다. 한국은 한반도 군사문제에 대해서 아무런 개입도 하지 못했다. 북한의 철저한 통미봉남 전략에 의해 한국은 군사문제에 대해 아무런 실질적 대화를 가지지 못했다. 6.15공동선언 이후에 개성공단 건설을 위해 남북한 군사당국자간에 협조 조치가 있기는 했으나, 거기에 머물렀다. 김정일 정권은 한국으로부터 경제적 당근만 쏙 빼먹고, 핵무기와 미사일 건설은 계속했던 것으로 드러났다. 한미 간의 "선한경찰, 악한 경찰" 임무분담론은 북한의 통미봉남 전략에 아무런 영향을 미치지 못했고, 오히려 북한은 핵과 미사일 등 군사문제에 있어서 한국을 배제한 채, 미국과만 대화하려고 하였다. 그래서 선한 경찰/악한 경찰론은 개념상으로는 존재할지 모르나, 군사면에서 북한의 통미봉남 전략에는 아무런 영향을 주지 못했던 것으로 드러났다.

평가

제네바합의 체제를 평가해 보면 긍정적인 면보다는 부정적인 면이 더 많다는 것을 알 수 있다. 첫째, 핵문제 대화채널이 포괄적으로 제도화되지 못했다. 북핵으로부터 가장 큰 위협을 느끼는 남한과 일본이 북미회담에서 배제됨으로써 북미회담은 불완전한 대화체제가 될 수밖에 없었다. 남한을 배제하고 미국과 직접대화를 시도하는 북한의 통미봉남전략의 결과, 남한은 한반도 안보문제에 관한 대화에서 소외되었다. 그러면서도 경수로 건설사업의 경비 대부분을 한국이 부담해야 했기 때문에 김영삼 정부는 일관성 있는 대북정책의 부재, 북미회담의 들러리라는 국내 정치적 비판을 감수해야 했다. 북한의 한－미, 미－일 간 이간 책동이 구사되었으며 이에 대한 대응으로서 한미일 삼국은 대북정책조정그룹을 만들어 운영하기도 했다. 더욱이 북한은 국제적인 NPT체제의 탈퇴와 재가입을 협상카드로 사용했고, 제네바 합의는 이에 대해 미국이 보상하는 것과 같은 방식이 되어서 이후 북한이 국제 NPT체제를 지속적으로 악용하는 결과를 초래했다. 1998년 8월 북한의 장거리 미사일 시험 때에서부터 북미 간에 미사일 회담이라는 별도의 대화채널을 가졌기 때문에 북미 간에는 의제별로 회담을 따로 개최하는 양상을 보였다.

따라서 북미 협상조차도 포괄적으로 제도화되지 못했다고 할 수 있다. 핵협상 의제에 있어서 북한이 핵카드를 잘게 쪼개어 협상카드로 사용하는 살라미 전술을 막지 못해서 의제의 포괄적 논의도 이루어지지 못했다.

둘째, 북한은 북한 비핵화에 대해서 미국으로부터 신뢰를 받지 못했다. 북한핵에 대한 투명성과 공개성, 예측가능성을 확보할 수 있는 근본적인 조치들이 제네바합의에 포함되는 것에 대해 절대 반대했다. 물론 북한이 IAEA에 신고한 핵시설들은 공개가 되었고 IAEA 사찰관이 접근할 수 있었다. IAEA에 신고한 영변 핵시설에 대해서는 미국 정부의 관리들을 초청하기도 했다.

그러나 제네바 합의의 결과 미국은 사실상 북한의 과거 핵개발문제에 대해서 일정기간 유예기간을 부여함으로써, 결국 북한은 과거에 추출했던 플루토늄으로 핵개발을 계속해도 미국은 아무런 통제수단이 없었다. 그리고 1999년 칸 박사가 북한을 방문했을 때, 플루토늄탄 3개를 봤다는 증언에서 시사하듯, 북한이 파키스탄과 핵개발 협력을 한 것에 대해서도 아무런 규제를 할 수 없어 북한핵에 대한 의혹이 커져가자 북미 간의 신뢰는 계속 악화될 수밖에 없었다.

한편 미국도 북한으로부터 신뢰를 받지 못했다. 북한이 큰 사건만 저지르면 미국은 북한과 직접 접촉한다는 잘못된 믿음을 북한 측에 형성시켰다. 미국이 북한에게 약속한 대북제재 폐지, 적성국교역법 폐지 등이 항상 지연되었다.

셋째, 북한의 핵시설과 핵무기 제조프로그램에 대해 철저하고도 광범위한 사찰이 이루어져야 하는데, 제네바 합의는 1992년 5월에 북한이 IAEA에 신고했던 시설들에 대한 IAEA의 사찰에만 의존함으로써 결국 북한의 핵무기와 핵무기프로그램에 대한 의혹을 해소할 수 없었다. 김영삼 정부는 클린턴 행정부에게 북핵에 대한 철저한 사찰을 강조했지만 미국의 대북한 협상에 반영시키지 못했다.

1998년 8월 북한의 미사일 시험 이후 북한에 대한 불신이 점증했고, 이를 해소하기 위해 금창리 지하시설 방문에 대한 반대급부로서 식량 50만 톤을 북한에 제공하는 일이 발생했다. 이렇듯 북한의 핵의혹에 대해서 미국이 검증하려고 하면 매번 북한에 보상을 주어야 했기 때문에 근본적으로 북한핵을 검증할 수 없었다. 북한도 북한에 대한 철저하고도 광범위한 사찰에 찬성하지 않았다.

넷째, 북미 핵협상에 대한 대내외 환경은 지지와 반대가 교차되었고, 북한의 김정일은 지속적인 핵개발을 선호했다. 클린턴 정부 1기에는 북미 핵협상에 대해 지지가 우세했으나 클린턴 정부 2기에는 이 분위기가 반전되었다. 제네바 합의의 이행 속도의 완만함, 북한의 핵개발에 대한 의혹 증폭, 북한의 미사일 시험발사 이후 북미 협상에 대한 불신 증폭, 중국의 UN안보리에서의 미온적 태도로 인해 북핵 문제가 근본적으로 해결될 수 없었다. 북미 협상의 결과 북한 핵문제가 북미간의 문제라는 인식이 국제적으로 퍼짐에 따라, 다른 국가들은 무관심 내지 미국 탓이라는 분위기가 확산되었다. 김영삼 정부는 제1차 핵위기를 해소하기 위해 남북 정상회담을 추진했으나 이루지 못했다. 김대중 정부 때는 남북정상회담을 했으나 북핵문제를 의제로 삼지 않았다. 클린턴 행정부와 북한은 적대관계 해소에 합의했으나 대북 강경 라인으로 선회한 부시 정부의 등장으로 곧 북미관계는 악화되었고, 제네바 합의는 그 효력이 정지될 위기를 맞았다고 할 수 있다. 무엇보다도 가장 큰 원인은 김일성 사후 등장한 김정일이 체제 위기를 돌파하기 위해 강성대국과 선군정치를 채택하고 핵무기 보유가 강성대국을 실현시키는 가장 빠른 지름길이라는 인식을 가졌던 데서 제네바 합의 체제는 깨어질 것을 예고하고 있었다고 볼 수 있다.

6자회담 (2003년 8월 - 2008년 12월)

배경

2002년 10월 북한의 농축시설 보유여부를 둘러싸고 북미 간에 전개된 논란의 결과, 미국의 부시행정부는 제네바핵합의를 폐기하게 되고, 북한은 NPT와 IAEA를 탈퇴하면서 제2차 북핵위기가 발생한다. 북한은 가동 중단되었던 5MW 원자로에서 핵연료봉을 꺼내어 핵무기 4-8개 만들 수 있는 플루토늄을 얻기 위해 재처리작업을 하기 시작했다.

북핵문제가 더욱 심각해짐에 따라 일본과 한국의 핵무장을 촉발할지도 모른다는 지역적 안보우려가 발생했고, 미국은 이 논리를 가지고 중국정부를 설득하기 시작했다. 미국의 대이라크 공격 전후에 걸쳐 미국이 대북 군사공격을 감행할지도 모른다는 우려가 일어났고, 북한의 국제핵비확산 체제 파괴 재시도 등이 복합적으로 작용하여 중국이 주최국 역할을 함으로써 6자회담이 출범하게 되었다. 6자회담은 북미양자회담의 산물인 제네바합의체제에 대해 비판적 시각을 가진 조지 W. 부시George Walker Bush 행정부에 의해 동북아 지역 국가들이 모두 북한에게 부담을 주자는 취지에서 제안되었다.

그전까지 북핵문제가 북미간의 문제라는 이해와 인식을 가지고 있었던 중국이 북핵문제가 동북아 지역의 안정과 평화에 영향을 끼치는 주요문제이며 국제비확산질서에 큰 도전 요소라고 하는 인식 전환을 하게 되면서 6자회담을 주최하기에 이르렀다. 중국의 6자회담 주최는 북한의 비핵화를 추구하는 미국과, 미국으로부터 책임있는 이해상관자stakeholder이자 대국으로서의 역할을 촉구받은 중국 사이에 이익균형의 결과로 생겨난 것이라고 볼 수도 있다. 21세기에 들어 중국은 핵비확산체제의 유지가 중국의 안보이익일 뿐만 아니라 중국의 화평발전과 더불어 국제체제 내에서 책임있는 대국으로서의 역할을 자임할 수 있는 의제라고 간주하고, 6자회담 의장국으로서 참가국들의 다양한 이해를 중재하고 조정함으로써 북한의 비핵화를 다루는 다자안보협력과정을 주도하겠다는 의지도 반영이 되었다.

하지만 중국의 이러한 태도는 실제로 행동의 뒷받침이 없었다고 할 수 있다. 즉, 북한이 합의를 위반하고 미사일 및 핵실험을 했을 때에 중국의 대북한 제재는 항상 미온적이고 수동적이었던 데서 중국의 본심이 드러난다.

김대중 정부로부터 핵과 남북관계의 분리 접근이란 유산을 받고 출범한 노무현 정부는 북핵문제는 북미 간에 해결해야 하며 미국의 군사적 옵션은 절대 안 되고 평화적으로 해결되어야 한다는 방침을 천명하였다. 북핵문제는 북미 간에 해결되어야 할 문제이나, 이라크 전쟁이라는 세계적 차원의 안보위기와 미국이 북미접촉을 회피하므로, 6자회담이 최선은 아니나 차선이라는 점에서 지지하고 이에 적극 참가했다. 그러나 6자회담의 진도가 완만한 기미를 보이자, 한국은 남북한 직접 접촉을 통해 한반도 평화번영정책을 이행하기 위해 남북 정상회담을 갖고, 북핵문제 해결에도 북미 간에 중재자적 역할을 맡기도 했다. 제2차 북핵위기를 해결하기 위해 2003년 8월부터 2008년 말까지 북미 양국과 중국, 한국, 일본, 러시아가 참가하여 6자회담을 개최했다.

협상경과

2003년 8월부터 2008년 말까지 중국 베이징에서 개최된 6자회담은 3라운드로 구분하여 분석할 수 있다. 제1라운드는 2003년 8월 1차 6자회담에서 2005년 9월 19일 9·19 공동성명이 합의된 때까지로 구분할 수 있다.

북한의 목표는 미국이 제네바합의를 파기했기 때문에 제네바합의의 복원에서부터 6자회담을 시작해야 한다고 주장하고, 경수로 지원사업의 재개를 포함하는 "외부의 에너지 지원 대 북한의 핵동결"이 6자회담의 출발점이라고 고집을 피웠다. 미국은 북한의 비밀 우라늄 농축 핵개발로 깨어진 제네바합의로의 복귀는 있을 수 없으며, 북한의 "동결 대 보상"은 절대 안 된다고 주장했다. 미국은 북한의 우라늄농축 의혹을 규명해야 하고, "북핵의 완전 폐기가 우선되어야 하는데, 그 방법은 완전하고 검증가능하며 돌이킬 수 없는 방식으로의 핵폐기complete, verifiable, irreversible, dismantlement: CVID"라고 못 박았다. 중국은 중재자로서 "우선 북한이 제기한 안보우려를 해소하면서 추가적인 상황 악화를 막고, 의견조율을 계속 함으로써 합의가능한 부분부터 합의하기로 한다"는 기본입장을 견지했다. 한국은 북미 간의 첨예한 의견 대립을 조정하고, 가능한 한 합의에 이르기 위해 각국을 설득해 가면서, 북한 비핵화를 단계별로 이행할 수 있는 방법을 고안해 내었고, 9·19 공동성명에는 비핵화를 위한 기본원칙과 말 대 말, 행동 대 행동 원칙을 반영했다. 일본은 주로 미국의 입장을 따랐고, 러시아는 중국의 입장을 주로 따랐다.

그러나 1라운드에서의 협상은 순탄치 않았다. 2003년 8월부터 2004년 말까지 6자회담 미국측 수석대표를 맡았던 제임스 켈리 국무부 동아태담당차관보는 CVID원칙에서 절대 양보할 수 없다고 버텼다. 김계관 북한측 수석대표는 "선 에너지 지원·후 동결 입장"을 고수했다. 북미 양측의 현격한 입장 차이로 진전이 없었다. 그러다가 양보는 미국 측에서 먼저 시작했다. 2005년 1월에 미국측 수석대표가 크리스토퍼 힐Christopher Hill 국무부동아태차관보로 바뀌고, 미국도 합의가능한 방법을 모색하기 시작했다. 북한은 한국과 중국의 설득으로 최초의 완강한 입장을 약간 수정하여 큰 손해 볼 것 없는 9·19 공동성명에 합의하기로 했다.

9·19 공동성명에서는 6자회담의 목표가 "한반도의 검증 가능한 비핵화를 평화적인 방법으로 달성하는 것"으로 합의되었고, "북한은 모든 핵무기와 현존하는 핵계획을 포기할 것"을 약속하였다. 그리고 북한이 요구했던 경수로 제공은 "적절한 시기에 북한에 대한 경수로 제공문제를 논의한다"고 반영시켰다. 한국이 주장하여 "북한에 대한 200만 킬로와트의 전력공급 제안"을 포함하였다. 이것은 북핵에 대한 폐기와 검증방법이 전혀 반영되지 않은 그야말로 말로 하는 선언이었다고 할 수 있다. 9·19 공동성명의 배경에는 제네바합의 파기와 이라크전쟁으로 인한 긴장국면에서 빠져 나와 무슨 수를 써서라도 북미 접촉을 가지려는 북한의 자세, 핵문제 해결 없이는 한반도의 미래를 열 수 없다는 한국의 현실 인식, 이라크전쟁에 중점을 두고 북핵 위기관리의 책임을 중국에게 맡기면서 동북아국가들과 함께 북한 비핵화를 추진한 미국의 정책, 북한을 포함한 동북아의 안정유지 능력을 보여주어야 했던 중국의 의지 등이 결합되어 있었다. 송민순. 빙하는 움직인다. p.182 그러나 9·19 공동성명은 그야말로 선언적 조치만 담은, 이행할 방법이 전혀 합의되어 있지 않은 결정적인 흠결을 가지고 있었다. 9·19 공동성명은 그 다음날 "미국 재무성의 마카오 소재의 방코델타아시아 은행에 있는 북한의 불법계좌 동결조치"라는 직격탄을 맞고 비실거렸다.

제2라운드는 9·19 공동성명 직후부터 미국의 방코델타아시아 은행의 북한 불법계좌 동결로 초래된 북미간의 고조된 위기 때로부터 2006년 10월 9일 북한의 제1차 핵실험을 거쳐 2007년 2월 13일 2·13 합의가 되는 때까지로 볼 수 있다.

북한은 미국의 불법계좌 동결 조치가 "미국이 9·19 공동성명을 이행할 의지가 없으며, 북미간의 신뢰를 깨고, 금융제재로 북한을 압살하기 위한 것"라이고 하면서, 이의 해제 없이는 6자회담이 불가능하다고 하며 반발하기 시작했다. 미국도 마찬가지로 "대북한 경수로 지원"이라는 말이 9·19 공동성명에 들어간 것에 대해서 큰 불만을 나타내고, 북한의 핵폐기가 우선되어야 한다고 과거의 주장을 반복하기 시작했다. 또한 미국의 백악관에서는 9·19 공동성명은 사실상 북한이 승리한 것이라면서 불만을 표시하고 있었다. 한편 미국의 국내 관계부처 간 정책적 조율없이 재무성이 북한의 불법계좌를 일방적으로 동결조치함에 따라 북한의 미국에 대한 불만은 하늘을 찔렀다. 이것을 핑계로 북한은 6자회담을 계속 거부했다. 그러다가 2006년 7월 5일 대포동 2호 미사일을 포함하여 일곱 종류의 미사일을 시험발사했다. 여기에 대해서 유엔안보리 제재 결의 1695호가 만장일치로 통과되었다. 한편 미국의 불법계좌 동결조치의 해제는 움직임이 늦었다. 북한은 안보리제제 결의 1695호에 대한 반발과 북한 김정일의 핵개발 의지를 반영하여 2006년 10월 9일 제1차 핵실험을 감행했다. 이후 한국, 미국, 중국, 일본, 러시아를 포함한 국제사회는 대북제재의 수준과 범위를 놓고 한동안 격론을 벌였다.

한미 간의 의견 차이는 여기서 나타난다. 2006년 10월 19일 라이스 국무장관이 한국을 방문, 노무현 대통령과 대화를 가졌다. 여기서 노대통령은 "지난 4년 동안 한미가 공조한 결과, 북한으로부터 경수로를 뺏어 오고, 핵실험을 내준 꼴이 되었다"고 하면서 미국의 대북 제재 일변도에 대해 불만을 나타내었다.송민순, 빙하는 움직인다, p.308 북한 핵실험에 대한 대응을 놓고 한국의 국내언론에서는 한국은 "전쟁은 안 된다"고 하는 반면에 미국은 "핵은 안 된다"고 하면서 한미양국의 접근방법에 차이가 커졌다. 북한의 1차 핵실험을 제재하기 위해 유엔안보리 제재결의 1718호가 만장일치로 통과되었다.

북미 간에 책임전가와 입씨름이 한동안 계속되었다. 중국 정부의 주선으로 북·미·중 3자회담이 북경에서 열렸다. 그래도 6자회담의 진전이 없자 미국은 태도를 급변하여 지금까지 거부해왔던 북미 직접 접촉을 개시하였다. "선 BDA 문제해결·후 회담 재개" 주장을 내세우는 북한 입장을 감안하여 북미 간에 김계관 부상과 힐 차관보 간 양자회담을 가졌다. 베를린에서 미국은 북한이 요구한 모든 것을 반영한 미북합의를 만들었다. 미국이 입장을 선회한 이유는 2006년 중간 선거 이후 미국의회에서 다수당을 빼앗기고 민주당이 공화당의 대북 정책에 대해 비판을 가하였기 때문에 부시행정부가 입장을 바꾸었기 때문이라고 판단된다.이용준, 게임의 종말, p.189

북미 베를린회담에서 9·19 공동성명 이행을 위한 초기단계 조치라고 불리는 2007년 2·13 합의를 제5차 6자회담 3단계 회의에서 합의하였다. 2·13 합의는 9·19 공동성명에 언급된 "모든 핵무기와 현존하는 북한의 핵프로그램의 포기" 과정을 동결－불능화－신고－폐기 4개의 단계로 나누고 그중 동결이라는 제1단계를 이행하는 것이었다. 사실상 북한의 핵실험 이후 악화된 핵문제를 어떻게 해결하는가에 대한 논의와 합의가 전혀 없이 아주 기초적인 단계에 합의한 것이다. 북핵협상이 거의 첫 단계에서만 돌고 도는 것을 보여준 것이다.

제3라운드는 6자회담에서 2·13 합의 이후 2007년 10·3 합의를 거쳐 2008년 북미간의 북한 핵에 대한 보고서 접수 및 시료채취를 둘러싸고 논쟁을 거친 끝에 북한이 2008년 말에 6자회담 체제 자체를 깨어버린 시기까지로 볼 수 있다.

2·13 합의 이후 북한은 60일 이내에 핵시설 폐쇄와 IAEA 핵사찰관을 복귀시키기로 했으나, 북한은 미국의 BDA 계좌 동결해제가 늦다고 비판하면서 2·13 합의의 이행을 늦추었다. BDA 자금이 북한

손에 들어간 것이 6월 25일이다. 이후 북한은 2·13 합의 이행을 천명했다. 7월 15일이 되어서야 북한은 5MW원자로, 재처리시설, 핵연료공장 등 3개 시설에 대한 동결조치를 하고 IAEA 사찰관을 복귀시켰다.

이로써 2007년 7월부터 제6차 6자회담에서는 핵시설 불능화와 핵프로그램의 신고를 위한 구체적 방안이 논의되었다. 미국은 핵시설 불능화 뿐만 아니라 모든 핵관련 시설과 모든 핵물질이미 핵무기 제조에 사용된 핵물질인 플루토늄 뿐만 아니라 고농축 우라늄 프로그램까지 포함하여 신고하도록 만드는 것이 목적이었다. 북한은 이미 신고하고 동결한 대상만 신고목록에 포함시키고 영변에서 생산된 플루토늄에 대한 신고로 국한시키고자 했다. 또한 10월에 예정된 남북한 정상회담에서 핵문제는 빼고 남북한 관계개선을 통해 남한 측으로부터 많은 지원을 받기를 원했다. 여기서 9·19 공동성명의 이행을 위한 제2단계 조치라는 10·3 합의가 이루어졌다.

북한은 2007년 12월 31일까지 핵시설 불능화와 핵프로그램의 신고를 완료한다는 것이었다. 북한의 불능화와 신고완료에 따른 반대급부로서 관련국들은 북한에게 100만 톤의 중유 지원을 제공한다고 합의했다. 그런데 이때 북한의 로동신문은 불능화가 "가동중단"이라고 북한 내부의 주민들에게 설명했다. 북한의 속뜻은 불능화가 다른 것이 아니라, 폐쇄＝봉인＝불능화＝가동중단이 똑같은 말장난이었음을 말해준 것이었다.

그리고 북한은 한·미·일·중·러 5개국으로부터 중유 약 80만 톤 상당의 에너지와 물자를 제공받았다. 2008년 6월 26일 핵시설과 핵물질에 대한 신고서를 중국에 제출하고 다음날 불능화 조치의 상징적 제스처로서 힐 차관보를 초청하여 북한은 5MW 원자로에 딸린 냉각탑의 폭파 쇼를 떠들썩하게 진행했다. 이때 미국정부가 북한에 제공한 경비가 250만 달러에 이른다는 뉴욕타임즈 보도가 있었다. 2008년 10월에 미국은 북한에 대해 대적성국교역법상의 제재조치 적용 면제와 테러지원국 제재조치 해제를 단행했다. 북한은 2008년 11월에 신고한 핵시설에 대한 신고의 정확성 여부를 검증하기 위한 검증을 거부했다.

2008년 7월부터 2009년 4월까지 북미 양측 간에 불능화의 대상, 그것을 검증할 주체, 방식에 대한 협의가 이루어졌다 그러나 검증의 주체에 대해서는 북한이 IAEA를 돌연 거부하였고, 검증의 대상과 범위에 대해서 북한은 지금까지 북한이 IAEA에 신고한 대상에만 국한되어야 하고 미국이 요구하는 모든 대상은 안 되며, 검증방식에 대해서는 북미 간에 입장이 첨예하게 대립되었다.

2009년 미국에서 오바마 민주당 정권이 등장하면서 북한은 미국의 유화적 대북정책을 기대했으나, 미국이 북한의 사기행각에 불만을 갖고, "검증가능한 비핵화가 이루어져야 미북관계 정상화가 가능하다"고 하면서 북한에 대해 단호한 입장을 보이고, 남한의 이명박 정부가 비핵을 제일 우선순위에 놓고, 일본도 한미일 삼국 협조체제를 강화시켜 나갔다. 북한이 4월 5일 은하 2호 장거리미사일을 시험 발사했다. 유엔안보리 의장성명으로 대북제재결의 1718호를 즉각 이행하라고 촉구하자, 북한 외무성은 "우리 인민에 대한 모독이며 용납 못한 범죄행위라고 비난하고 6자회담에는 참여 안 할 것, 6자회담의 어떤 합의에도 구속되지 않을 것"이라고 비난 성명을 발표했다. 그리고 4월 16일 IAEA 사찰관을 추방했다. 4월 29일 북한은 안보리가 대북제재를 철회하지 않으면 핵실험과 대륙간탄도탄 실험을 실시하겠다고 위협했다. 북한이 5MW 원자로에서 추출한 연료봉을 재처리해서 6~7kg의 플루토늄을 더 축적하여 핵무기 7~9개 분량인 51~58kg의 플루토늄을 얻게 되었다.

2009년 5월 25일 북한이 제2차 핵실험을 실시했고, 실험이 성공적이었다고 발표함으로써 6자회담은 완전히 막을 내리게 되었다.

성과

6자회담을 통해 이룬 북한의 비핵화에 대한 성과는 9·19 공동성명을 통한 북한의 핵포기 약속 획득, 2·13 합의와 10·3 합의에 의한 주요 핵시설의 가동중단과 불능화 조치, 미국의 북한에 대한 안보보장 약속 등이 있다. 또한 북한의 핵문제를 북핵에 국한시켜 해결하기보다는 북한의 안보불안, 외교적 고립, 경제난, 에너지난 등 복합적인 북한문제의 해결방식으로 북한핵을 해결해보고자 하는 포괄적 시도가 처음 시도되었다는 데 그 의미가 있다.

하지만 2006년 북한의 제1차 핵실험 이후 2·13 합의와 10·3 합의가 시도되었지만, 북한 비핵화에 대해서 근본적으로 문제를 제기하지도 못하고, 2009년 5월 북한의 제2차 핵실험 이후 6자회담 체제가 깨어져서 오늘에 이르고 있다.

그러면 북한은 9·19 공동성명을 어떻게 자체 평가했는지 보기로 하자. 북한은 9·19 공동성명 채택 이후 발간된 책에서 "북한과는 절대 마주 앉지 않고, 대미 강경자세를 용납하지 않으며, 보상은 없다"는 3불 원칙을 들고 나온 미국의 부시정권에 대해서 대담하고 영활한 작전을 펼쳐서 미국으로부터 항복문서를 받았다고 자화자찬 했다.『선군의 태양 김정일 장군』, 평양출판사. 2007

북한은 북미 상호간의 신뢰조성을 위한 물리적 기초는 경수로 제공이라고 줄곧 주장했으며, 미국이 완전하고 검증가능하며 불가역적인 핵폐기를 철회하는 것을 조건으로 북한이 핵동결 하겠다는 약속을 밝혔다. 핵무기관련 시설들과 결과물을 동결하고, 핵무기와 우라늄농축 계획 제외, 과거 플루토늄 제외를 분명하게 했으며, 핵시설의 동결에는 보상이 반드시 동반되어야 하며, 동결시점은 그 대가가 지불 완료되는 때라고 밝혀서 이를 관철시킨 것이라고 주장하고 있다. 즉, 동결 대 보상을 기본으로 한 것이라고 밝힌 것이다.

북한의 자체 평가를 들여다보는 것이 중요한 이유는 북한의 합의 이행 의지를 객관적으로 보기 위해서다.

평가

6자회담을 자세히 평가해 보면, 피상적인 합의서 3개는 만들어 내었지만 왜 북한을 비핵화시키는 문으로 들어가지도 못하고, 북한의 핵무기실험으로 끝이 났는가를 알 수 있다.

첫째, 동북아의 모든 국가들이 6자회담에 참가하여 참가국은 포괄적이 되었지만, 6자회담의 협상에서는 참가국들 간에 북한 비핵화를 위한 포괄적인 타협에 이르지 못했다. 9·19 공동성명 이후 2·13 합의에 의해 5개의 실무그룹을 만들어 한반도 비핵화, 북미관계 정상화, 북일관계 정상화, 경제 및 에너지 협력, 동북아 평화와 안보체제 등을 논의하기로 했으나 실무그룹이 진전을 보지 못했다.

미국이 9·19 공동성명 직후에 북한의 불법자금세탁, 위조지폐문제를 들고 북한을 압박함으로써 북한이 6자회담 자체를 거부하는 사태가 발생했다. 북한은 이 조치를 북한체제를 붕괴시키기 위한 미국의 전략으로 해석했다. 부시 행정부 때에 대북특사를 맡았던 찰스 프리처드Charles Pritchard 대사는 북한의 제1차 핵실험 이후에 "핵외교는 실패에 이르게 되었다"고 말한 바 있다. 한편 미국은 북미 양자회담을 계속 거부하다가 북한이 2006년 제1차 핵실험을 강행하자 그때까지 거부해왔던 북미 양자회담을 가지기 시작했다. 이것은 6자회담의 틀을 깨어버린 것으로 6자회담에 치명타를 먹인 것이나 다름없었다. 이로써 북한은 핵실험 등 큰 위기를 일으키기만 하면 미국과 단독 회담을 가질 수 있을 것이란 믿음을 더욱 확신하게 되었다. 6자회담은 들러리였고, 북한과 미국이 다시 주연 역할을 할 수 밖에 없었다.

둘째, 9·19 공동성명이나 그 후의 2·13 합의와 10·3 합의에서 북한은 자신의 핵프로그램을 유지시키고 비밀리에 발전시키는 데에만 신경을 썼고, 진정으로 비핵화시키려는 의지가 있었는지에 대해서는 불확실한 영역으로 남겨 두었다. 핵프로그램에 대한 전면적인 투명성을 높이지도, 외부의 신뢰를 얻으려고 노력하지도 않았다. 북한은 핵무기와 직접 관련된 프로그램, 핵무기와 핵물질, 과거 핵개발 행적에 대해 공개하거나 투명하게 하지 않았다. 가동 중단 되거나 폐쇄된 핵시설, 즉 과거에 IAEA에 신고했던 시설들만 보여주는 행동을 취했다. 미국의 핵전문가를 간혹 초청했으나 한국, 일본, 중국, 러시아의 핵전문가들에게 참관을 일체 허용하지 않았다. 핵냉각탑 폭파라는 쇼를 진행했으나, 비핵화에 대한 본질적인 신뢰구축 조치를 시행하지 않았다. 중국은 북한의 비핵화를 원칙적으로 찬성한다는 입장을 표시하기는 했으나, 북핵에 대한 투명성 조치를 강하게 요구하지 않았다. 따라서 북한은 비핵화를 위한 실질적 조치를 취할 어떤 의지도 보이지 않았다.

셋째, 북한의 핵에 대한 포괄적이고 침투성이 높은 엄격한 검증제도가 이루어지지 못했다. 미국은 남북한 핵협상이나 북미 제네바합의체제가 노정했던 검증문제의 취약성을 극복하기 위해 6자회담의 초기에는 "완전하고 검증가능하며 불가역적인 핵폐기CVID"를 주장했으나, 중간에 입장을 바꾸어 버리고 말았다. 북한은 CVID는 수용불가하며 오히려 "미국의 대북적시 정책을 완전하고 검증가능하며 불가역적인 방식으로 제거하라"고 맞받아 쳤다. 미국 정부는 북한의 핵폐기를 끝까지 추진할 의지가 없었다고 해도 과언이 아니다.

결국 9·19 공동성명은 사찰규정 없이 선언만으로 끝났다. 9·19 공동성명에 보면 북한은 "조속한 시일 내at an early date NPT에 복귀한다"라고 되어 있다. 하지만 그동안의 남북한 간 합의서나 북한이 국제사회에 맺은 합의서 중에 "조속한 시일 내에"는 "결코 하지 않는다"는 것을 의미하는데, 6자회담 대표들은 이것을 몰랐다고 할 수 있다. 또한 북한에 대한 경수로 제공 문제는 "적절한 시기에at an appropriate time"논의한다고 되어 있는데, 이것 또한 아직까지 이루어지지 않은 것으로 보아 오히려 결코 불가하다는 뜻을 지닌 외교적 수사에 불과했던 것이다.

특히 9·19 공동성명의 실천을 위한 2·13 합의에서 북한이 IAEA에 신고했던 핵시설 중 영변의 핵시설의 폐쇄 봉인과 IAEA 사찰관의 복귀, 미 국무부 몇 명의 감독 등이 합의되었다. 그러나 핵시설의 폐쇄·봉인이라는 문구가 진전된 합의인 것처럼 보였으나, 실상은 1994년 제네바합의에서 약속했었던 동결과 다를 바 없었다. 또한 이러한 폐쇄·봉인 조치가 향후 60일 이내에 시행된다고 합의되었으나, 실제로는 10·3 합의까지도 진전이 없었다. 물론 북한이 미국의 방코델타아시아은행 불법 계좌 동결의 해제조치가 아직 되지 않아서라고 핑계를 대고 지연시킨 면도 있으나, 북한이 핵실험 및 미사일 시험을 하고 난 후에 맺는 합의치고는 현실을 너무나 무시한, 옛날 노래를 반복하는 것과 같았다. 사실상 북한의 핵무기 관련 프로그램과 핵물질과 핵시설, 핵무기에 관한 사찰은 전혀 논의되지도, 합의되지도 못했다는 것이 북핵 협상에 대한 회의론을 불러오기도 했다.

그리고 북한이 2007년 10·3 핵불능화 합의와 관련하여 여전히 제네바합의 시절에 IAEA에 통보했던 시설들을 불능화시킨다고 합의하고, 2007년 12월 31일까지 불능화조치를 완료한다고 약속했다.

그러나 이 "불능화"라는 조치를 북한 내부에서는 "가동중단"이라고 번역하고, 북한 주민들에게 홍보했다. 사실 불능화는 핵폐기를 피하기 위한 단어를 개발한 것에 불과하다. 또한 북한은 모든 핵프로그램에 대한 완전하고 정확한 신고를 2007년 12월 31일까지 6자회담 국가에게 통보하기도 약속했으나, 핵무기관련 정보는 대략 정리하여 2008년 중순에 중국으로 먼저 통보했고, 미국이 2008년 말에 열어 본 순간 과거의 핵개발 행적에 대해 신뢰할 만한 정보가 아니었다고 판단했다. 그리고 결정적인 것은 과거의 핵개발 행적을 파악할 수 있는 미국의 시료채취 등을 거부함으로써 불능화 이후에 한 발짝도 진전하지 못했다. 그 후 북한이 2009년 5월 제2차 핵실험을 감행함으로써 북한의 핵무기에 대한 검증제도는 말도 꺼내 보지도 못하고, 6자회담은 파국을 맞이하였다.

넷째, 6자회담에 대한 관련국의 국내외 지지분위기가 유동적이었으며, 북한 김정일 정권이 두 차례의 핵실험 이후 6자회담에 대한 지지분위기는 증발했다. 김정일은 국방위원회를 강화하고 북미협상을 하지 않는 한 핵개발을 계속할 수 밖에 없다는 입장을 나타냄으로써 북핵협상은 결렬되고 말았다. 미국의 네오콘들이 주도한 대북 금융제재와 이에 대한 북한의 반발, 노무현 정부 기간 중의 한미 간의 북핵 정책에 대한 갈등, 일본의 납치자 문제 우선, 북한의 핵개발 가시화 등으로 6자회담에 대한 동력은 급속히 감소했다. 제1차 북한의 핵실험 이후 유엔 제재결의 1718호에도 불구하고 중국의 대북한 지원은 계속되고 유엔 제재의 효과가 미미했다. 이것은 6자회담의 국제 제도로서의 한계를 노정한 것이다. 그러나 제2차 핵실험 이후 6자회담 참가 5개국 및 국제사회는 대북제재에 대해 점점 더 깊은 관심을 보이기도 했다. 한편 핵에 대한 전략적 결정권을 가지고 있는 김정일이 국방위원회를 헌법상 최고 권력기관으로 규정하는 등 선군정치를 계속함으로써 국제사회는 김정일 시대가 존속하는 한 북한의 비핵화는 어려운 것으로 간주하게 되었다.

결국 북한이 제2차 핵실험을 감행한 이후에 미국, 중국, 일본, 한국, 러시아를 비롯하여 유엔안보리에서는 북한에 대해 유엔안보리 결의 제1874호를 만장일치로 채택함으로써 북한에 대한 제재에 나서게 되었다. 북한의 핵실험 결과, 한·미·일·중·러 5개국은 북한의 비핵화 목표에 더욱 공감을 가지게 되는 정체성 인식의 계기가 되었으며, 국제비확산레짐의 정당성과 유효성에 대한 인식을 공유하게 되었다고 볼 수 있다. 하지만 북한 지도부가 강도 높은 검증에 대해 지속적으로 거부하는 태도를 보이고, 2009년 5월 제2차 핵실험이 성공하게 되면서 6자회담을 통한 북핵문제 해결은 운명을 다하게 되었다.

6자회담의 실패원인

6자회담이 실패하게 된 원인을 참가국별로 6자회담에 임한 입장과 협상전략에 비추어 분석해 보자.

미국: 미국의 부시행정부는 2003년 8월 6자회담 시작 때부터 북한에 대한 CVID가 반드시 관철되어야 하며, 북미회담은 절대 안 된다고 완강한 입장을 유지해 왔으나, 2005년 미국의 6자회담 협상 대표가 제임스 켈리 차관보에서 크리스토퍼 힐 차관보로 바뀌면서 CVID를 철회하고 "검증가능한 비핵화"라는 원칙만 합의한 뒤에 사찰에 대해서는 아무런 엄격한 절차를 반영하지 않았다. 미국의 선비핵화 입장에 대해 북한은 선비핵화를 요구하는 한 6자회담은 불가능하다고 완고한 입장을 보였기에 미국이 양보해 버린 것이다. 이것은 제네바합의의 실패를 교정하기 위해 강경한 입장을 취했던 존 볼튼 John Bolton과 제임스 켈리 같은 네오콘의 퇴조를 의미했다. 힐 차관보

는 이것이 9·19 공동성명에 이르게 된 비결이라고 자화자찬 했지만, 결국 9·19 공동성명 같은 느슨한 합의로 인하여 6자회담이 북한 비핵화를 달성할 수 없었던 것이다. 그리고 미국의 대북한 비핵화정책에 일관성이 결여된 사례는 또 발견된다. 부시행정부는 6자회담 초기부터 북미 양자 간 접촉은 절대 안 된다고 주장했지만, 북한이 2006년 제1차 핵실험을 한 후에 이상하게도 지금까지 배제해 오던 북미 간 직접 접촉을 갖고 2007년 2·13 합의에 이르렀다.

그런데 2·13 합의에서도 북핵의 동결만 다루고 있지, 철저한 핵폐기 검증에 대한 합의는 없었다. 미국이 북미 직접 접촉이라는 양보를 북한에게 했으면서도 이미 핵실험을 한 북한에 대해서 검증가능한 핵폐기를 관철시키지 못한 것은 핵협상을 실패로 이르게 한 주요 원인이 되었다.

또한 미국 협상팀의 실패는 2005년 9·19 공동성명의 채택 직후에 미국의 재무성에서 중국 마카오 소재 방코델타아시아 은행에 있는 북한의 불법계좌를 동결시킨 사건이다. 북핵 협상에서 미국의 입장을 관철하기 위해서는 미국 정부 내 모든 관련기관이 북한에 대한 당근과 채찍을 가능한 한 효과적으로 통합하여 사전에 협의해서 모든 카드를 시의적절하게 행사함으로써 북한의 핵폐기를 이끌어 내어야 하는데, 9·19 공동성명 합의 이후에 그 불법계좌 동결이란 최강 수단을 독립적으로 사용함으로써 오히려 북한의 핵협상 거부를 초래하고, 북한은 핵실험이라는 초강수를 두어 사태가 더욱 악화되었다. 이것은 미국의 모든 관련기관들이 사전 조율을 통해 북한의 비핵화를 유도해 내는 효과적인 전략이 부재했었다는 것을 보여주는 사례라고 할 수 있다. 만약 BDA 카드를 꺼내어서 제대로 사용할 수 있었다면, 결과가 달라졌을 지도 모른다. 즉 BDA카드를 꺼내어 북한을 압박하기는 했지만 북한이 이에 반발하고 미사일 시험과 핵실험을 하면서 BDA자금을 해제하지 않으면 6자회담도 거부한다고 역제의하자, 미국은 BDA자금을 해제하는 조치를 취해 준 것이다. 이것은 미국이 BDA자금 동결 카드를 아무런 전략없이 사용했고 오히려 북한의 반발만 초래해서 북핵실험이란 위기가 고조된 결과를 가져왔다고 볼 수 있다.

마지막으로 가장 중요한 실패가 미국이 10·3 합의에서 북한의 모든 현존하는 핵시설을 불능화시키기로 합의해 놓고, 그 불능화의 정의, 내용과 절차, 불능화를 검증하기 위한 절차와 체계를 논의조차 하지 않은 것은 큰 실수라고 할 수 있다. 북한의 모든 핵프로그램에 대해서 완전하고 정확한 신고를 받기로 북한과 합의해 놓고, 그 구체적인 신고대상과 신고절차, 검증규정 등을 논의조차 하지 않은 것은 문제가 될 만한 사항들을 뒤로 미루어버린 것에 다름 아니다. 이러한 미국의 협상에 임하는 태도가 안 그래도 달성하기 힘든 한·미·일·중·러 5자 간의 긴밀한 협조를 불가능하게 한 것이었다.

중국: 중국이 6자회담에서 북한과 미국 사이에 존재하는 많은 간격을 좁히기 위해 중재자 역할을 했음에도 불구하고, 북한의 비핵화가 중국 정부의 최우선순위가 아니었기 때문에 북한의 비핵화를 주도해 나갈 수 있는 의지가 있었다고 볼 수 없다. 6자 회담이 개최되는 베이징의 조어대의 1층에서 본회담이 개최되면 2층의 휴게실에서 북미 양자 접촉이 이루어질 수 있도록 분위기 조성을 해준 것은 긍정적이다. 중국의 중재자적 역할은 대다수의 전문가들이 긍정적으로 평가했다. 하지만 중국 정부는 처음부터 타협 가능한 합의를 유도하기 위해 북한이 싫어하는 미국의 제안인 CVID를 기피하였다. 중국의 중재자적 역할로 인해 9·19 공동성명이 나왔지만, 이 공동성명이 가진 결정적인 약점으로 인해 북한 비핵화에 큰 역할을 할

수 없던 점은 앞에서 지적한 바와 같다.

중국의 북핵능력에 대한 정보와 평가가 비현실적이었던 것도 6자회담이 실패한 원인 중에 하나다. 중국 정부는 북한이 핵카드를 미국과의 관계 개선을 도모하기 위해 사용한다고 생각해 오다가, 북한의 제2차 핵실험 이후에야 북핵의 심각성을 깨닫기 시작했다. 그래서 북한의 핵실험과 미사일 시험 이후 유엔안보리에서 대북제재를 논의할 때에, 중국은 항상 미국이 주장하는 제재의 강도를 완화시키거나 제재 보다는 대화가 더 효과적이라고 습관적으로 주장해 왔다. 이러한 중국의 태도는 북한의 김정일이 외부의 제재에 아랑곳하지 않고 핵개발을 계속하게 만든 원인이 되기도 했다. 중국은 북한에 대해서 북한체제의 안정이 제1순위였고, 그 다음이 한반도에서 전쟁불원, 마지막으로 한반도 비핵화였다. 중국에게 북한은 전략적 완충지대로서 작용하여 왔고, 미국의 위협을 막아주는 바람막이 역할을 해 왔으며, 핵카드로 미국의 국력과 외교력을 소진시키는 역할을 했다고 간주하고 있다.

중국정부가 북핵개발에 대해서 심각하게 생각하게 된 것은 6자회담이 결렬되고 시진핑 정부가 출범한 지 4년 차인 2016년 1월 북한의 제4차 핵실험 직후부터였다는 것을 감안하면, 6자회담이 지지부진할 수밖에 없었던 이유로 중국의 북핵에 대한 미온적인 태도를 들수 있다. 2017년부터 미국 트럼프 행정부의 대중국 압박 및 영향력 행사로 중국이 대북한 경제제재에 대해 성의를 보이고 있는 것으로 보인다. 하지만 대북한 제재에 완전히 동참하고 있는 것은 아니라는 점을 고려할 필요가 있다.

한국: 한국 정부의 대북핵 정책이 정권에 따라 급변했기 때문에 일관성이 없었다. 이것을 북한이 십분 이용한 것으로 보인다. 진보

정권 때에는 북핵문제는 미국이 주도적 역할을 하고, 한국은 남북관계를 중요시 하는 것으로 나타났다. 6자회담이 지속되는 동안 노무현 정부는 대북 포용정책을 추진하고, 핵문제는 미국이 주도적으로 맡고, 한국정부는 한반도 평화체제 구축 및 남북한 교류협력에 신경 썼다. 6자회담의 초기에 한미 양국은 북핵에 대해서 완전하고 검증가능하며 불가역적인 핵폐기가 필수적이라고 하는 공동 입장이었다. 하지만 2005년에 한국 정부는 미국 정부의 CVID 포기를 지지하면서 단계적인 비핵화를 추구한다고 발표했다. 또한 북한이 한국에 대한 미국의 핵우산 제공을 철폐하라고 주장하기 시작하자 노무현 정부에서는 한 때 핵우산의 제거 문제를 검토하기도 했다. 미국과 북한 사이에 비핵화를 둘러싸고 큰 입장 차이가 존재할 때에 그 차이를 줄이기 위해 북미 양국의 중간적 위치에 서서 합의가능한 것만 합의시키려고 노력했다. 이것은 한미 간에 북한 비핵화를 둘러싸고 의견 차이가 존재하고 있음을 말해 주는 것이다. 한국은 남북한 관계의 발전을 위해서 북한에게 비핵화를 강하게 요구하지 않았다. 한편 미국정부가 북한에 대한 에너지 제공을 극도로 꺼렸기 때문에, 한국이 북미 양국의 중재자 역할을 수행하기 위해서 북한에 대한 에너지 지원을 한국이 주도하겠다고 말했다. 미국은 한국정부가 "북한의 핵개발에 일리가 있다"고 보는 것에 대해 불만이 있었고, 북핵 폐기를 위한 강력한 사찰제도의 필요성에 대해서도 입장이 똑같지 않았다.

반면에 한국의 이명박 정부와 박근혜 정부는 북한의 핵개발에 대해 강경입장을 견지했다. 이명박 정부는 비핵－개방－3000 정책을 제시하여 북한이 비핵화를 하면 개방과 1인당 국민소득 3,000달러가 되도록 북한을 지원할 것이라고 선언했고, 박근혜 정부는 남북한 간 신뢰를 구축하자고 제의했다. 하지만 북한의 날로 증가하는 핵위협에 대해서 강경한 입장을 고수하였다. 2010년 3월 천안함 공격, 11월 연평도 포격 등 김정은이 군사도발로 대내적 안정과 대남한 강압외교를 구사하는 한편, 핵과 미사일 능력을 증강시키고 있었다. 남한은 북한의 제4차 핵실험 이후 개성 공단을 중단하고 금강산 관광사업도 중지하였다. 한국 정부의 대북핵 정책이 온탕과 냉탕을 오가는 동안, 북한의 핵능력은 엄청나게 발전했다. 이제 북핵폐기에 대한 철저한 기제를 수립하지 않으면 비핵화는 전혀 불가능한 형편이 되고 있다.

일본과 러시아: 6자회담에서 일본과 러시아는 다른 국가들과 비교해서 역할이 적었다. 일본은 처음에는 미국의 북한비핵화 정책을 지지했고, CVID에 대해 적극 찬성했다가 후에는 CVID의 완화에도 찬성했다. 그러나 6자회담의 진전과 상관없이 일본인 납치 문제를 북일 간에 직접 해결하기를 원했다. 고이즈미 총리와 김정일 간 정상회담을 개최하기도 했다. 일본의 일본인 납치 사건에 대한 집착은 6자회담 참가국 중 한·미·중·일·러 5개국 간 협조의 틀을 이완시키는 기능도 했음을 부인할 수 없다.

러시아는 북한에 대한 영향력이 제한되어 있었으므로 6자회담에서 역할이 제일 약했다. 그러나 6자회담의 실무그룹인 동북아 평화와 안보그룹의 좌장을 맡아 중재자 역할을 하기를 원했다. 6자회담의 결렬로 인해 더 이상 그 역할을 할 수 없었다. 2014년 이후 미국과 러시아 관계가 악화되고, 북한 김정은 정권의 핵미사일 증강이 가속화됨에 따라 러시아는 북한을 지원하고 미국에게 북미대화를 수용하라고 압박을 넣고 있다. 러시아의 이러한 태도는 북한의 실질적 비핵화에 아무런 도움을 주지 못하고 있다.

대화를 통한 북한 비핵화: 가능성과 한계

표 2-1	북한 핵무기 제조 활동과 외교 협상 일정 대비표	
기간	북한 핵무기 제조 활동	외교 협상
1991-1992.12	• 재처리 3회 실시: Pu(7-22kg) 보유 추정 (1989, 1990, 1991)	• 한반도 비핵화 공동선언 (1992.2.19) • 남북한 협상
1993.1-1994.10.21	• 북한, IAEA 특별사찰 거부, NPT 탈퇴('93.3.12) • 1994.5: 핵연료봉 8,000개 인출, 재처리 준비 • 1993년부터 우라늄농축 연구시설 관심	• 1993.6: 북미 협상 개시 • 1994.10: 북미 제네바 합의
1994.10.22-2003.1	• 1994.10~2003.4: 북한, 영변의 주요 핵시설 전국으로 분산, 은닉 활동 • 1998.8. 대포동 미사일 시험 발사 • 1998년부터 우라늄 농축시설 건설 개시 • 1999년 A. Q. Khan 북한의 핵무기 3기를 보았다고 고백. • 북한, 파키스탄으로부터 우라늄농축 기술 도입	• 미국이 북한의 우라늄 농축 비밀 추진 문제 삼자, 제네바합의 체제 붕괴 (2003.1)
2003.8-2008.12	• 2003.7.8: 북한, 연료봉 8,000개 재처리 완료 및 무기화 천명 • 2005.2.10: 북한 핵무기 보유 공식 발표 • 2005.7: 북한 8,000개 연료봉 재처리 완료 • 2006.10.9: 제1차 핵실험 실시 • 2007.9: 북한이 시리아에 대한 원자로 수출 의혹 발생 • 2008.9: 북한 불능화 시설 복구, 재처리시설 동결 해제, 시료채취 거부 입장 천명	• 2003.8: 제1차 6자회담 개최 • 2005.9·19. 6자회담 공동 선언 • 2007.2·13. 합의 채택 • 2007.4.11. BDA계좌 동결 해제 • 2007.10·3. 합의 채택 • 2008.6. 북한 5MW원자로 냉각탑 폭파 • 2008.10.11. 미국 북한 테러지원국 해제
2009년 이후	• 2009.4: 북한 장거리미사일 시험발사 • 2009.5: 북한 제2차 핵실험 실시	• 2009.6. 유엔안보리 대북 제재 결의 1874호

북한 핵문제가 대화를 통해서만 풀릴 수 있다고 주장하는 소위 "대화론자"들은 "북한과의 대화의 부족 혹은 결여가 북핵문제를 키워 왔다"고 주장하고 있다. 반대로 소위 "강경론자"들은 "북한의 핵 시간 벌기 전략에 대화상대국들이 농락당했으며, 북한은 합의를 위반하고 오로지 핵개발에만 몰두했다"고 주장하고 있다. 그러나 위에 제시한 북한의 핵무기제조활동과 외교협상의 일정 대조표는 크게 보아서 북한의 핵개발 일정이 외부의 상황에 별로 관계없이 김일성 ─김정일─김정은의 시간표대로 일관성있게 진행되어 왔으며, 세부적으로 보아서 외부의 대북한 협상 요구와 결과적으로 발생한 협상은 북한의 핵개발 일정과 방법을 약간 바꾸거나 약간의 제한만 가하는 식으로 전개되어 왔음을 보여 준다.

더 자세히 살펴보면, 협상이 시작하기 전에 북한은 핵무기 제조 관련 활동을 함으로써 그 업적을 기정사실화하고, 위기를 조성하며, 그 위기를 해결하기 위해 전개되는 협상은 북한이 그어놓은 범위 내에서 북핵활동의 동결과 그 동결에 대한 보상이 위주로 되며, 북한의 핵능력 포기는 아무런 검증장치나 제어장치 없이 먼 장래의 일로 미루어졌다.

1991년 12월부터 1992년 12월까지 개최된 남북한 간의 핵협상이 개시되기 전에 벌써 북한은 플루토늄탄을 만들기 위해 비밀리에 재처리 활동을 3년간 3회 실시한 것으로 파악되었다. 따라서 남북한 핵협상 시기에 북한은 이미 비밀리에 핵을 개발하고 있었으며, 비핵화공동선언의 합의에도 불구하고 비밀 핵개발을 계속하고 있었던 것이다.

북미 간에 핵협상이 진행되고 1994년 10월 북미 간에 제네바합의가 합의되기 전에 북한은 1994년 5월 5MW 원자로에서 8,000개의 핵연료봉을 다 인출해서 섞어 놓았다. 동 기간 중에 북한의 플루토늄탄 개발은 지속되고 있었던 것으로 보여진다. 북한이 핵연료봉을 다 인출하고 섞어 놓은 것은 만일에 IAEA가 사찰을 하게 되면 옛날의 핵연료봉 재처리 행적이 다 드러날까 보아 우려한 결과이다. 또한 북한은 제네바합의 이행과정에서 당시 영변에 있었던 핵무기 제조 관련 핵심 시설들을 모두 6-7년 이내에 다른 곳으로 옮기는 작업을 개시했다. 제네바합의의 이행 기간 중에 북한은 우라늄탄을 만들기 위해 고농축우라늄시설을 건설하기 시작했고, 이것이 발각되자 북미 제네바합의 체제는 깨어지게 되었다.

북한이 6자회담을 시작하기 전에 핵개발에 관련된 무슨 일을 했는가? 2003년 7월 8일, 북한은 핵연료봉 8,000개를 재처리 완료했고 핵무기로 만들겠다고 천명했다. 2003년 8월 28일 6자회담 제1차 회담이 북경에서 개최되었다. 2015년 9월 19일 6자회담 공동성명이 채택되기 이전인 2005년 2월 10일 북한 외교부는 핵무기를 보유하고 있음을 공식적으로 발표했다. 그리고 2005년 7월에 북한은 이미 핵연료봉 8,000개를 재처리 완료했다고 선언했다. 이것은 벼랑 끝 외교brinkmanship diplomacy 라고 부르는 것으로 먼저 핵보유국임을 기정사실화하고 핵보유국을 포기시키기 위한 6자 회담은 성립될 수 없다는 것을 보여준 것이다. 그리고 2006년 10월 9일 제1차 핵실험을 실시했다. 국제사회는 들끓었다. 유엔안보리에서 대북 제재 결의 1718호가 통과되었다. 그리고 2007년 2월 13일 2·13 합의가 이루어졌다. 이에 의하면 북한은 대외에 핵물질과 핵기술을 수출하지 않겠다고 선언했지만, 2007년 9월에 북한이 시리아에 대한 원자로 수출 사실이 이스라엘에 의해 발각되었다. 이에 대해 격론이 일자 2007년 10월 3일 6자회담에서 10·3 합의가 이루어졌다. 북한이 미국에게 핵시설 불능화와 재처리 시설 불능화, 보고서 통보, 검증을 약속했음에도 불구하고 2008년 9월 북한은 불능화 시설을 복구했고, 재처리시설 동결을 해제했으며, 미국 정부의 시료채취 요구를 거부하는 입장을 발표하고 6자회담은 사망에 이르게 되었다.

이상의 북한 핵무기 제조활동과 외교협상 일정의 대비표는 항상 북한의 핵개발이 외교협상을 앞서 간다는 것을 보여주고 있다. 이러한 사실은 향후 북한 비핵화를 위한 협상이 또 한 번 재개될 때에 진짜 비핵화를 위해서 다시 말해서 검증가능한 핵폐기를 위해서 반드시 무엇을 해야 하는가에 대해 교훈을 주고 있다고 할 것이다.

첫째, 북핵 문제를 풀기 위해 어떤 협상 형태가 가장 적합한가 하는 문제이다. 북미 양자 회담, 6자회담, 혹은 새로운 형태의 회담 중 어느 것이 더 효과적이고 적합한가 하는 문제이다. 과거의 남북한 회담, 북미 회담, 6자 회담에서 각각 장단점을 알게 되었고, 북핵 문제는 더 심각해졌다는 결과를 무시할 수 없다. 북한은 북미회담을 또 다시 요구하고 있고, 미국은 북한을 무시하면서도 결국은 북한을 비핵화시키려고 한다면 북미 간의 접촉을 하지 않을 수 없다. 미국의 트럼프 행정부와 북한의 김정은 정권이 수많은 대결 국면을 거쳐 대화국면이 전개된 것이다. 한편, 한국과 중국, 러시아와 일본, 그리고 미국의 6자회담 수석대표들이 간간히 접촉은 해왔지만, 6자회담이 북한 비핵화에 효과적인 회담 체제인지에 대해서는 어느 누구도 확신이 없다. 6자회담은 이미 실패한 회담이기 때문이다.

그렇다면 북한에 대한 압박과 제재를 지속하면서 북한에 대해 NPT체제를 준수하도록 압박을 더 강화시킬 수 있는 회담 체제로는 어떤 것이 있을까? 필자의 개인적 생각으로는 미국, 러시아, 중국, 영국, 프랑스 5개국이 반드시 참가하고 5개국은 핵보유국 겸 유엔안보리상임이사국임, 한국, 북한, 일본이 참가하는 8자회담과 미국과 북한이 직접 접촉하는 두 가지 회담 채널이 병행되는 것이 바람직하다고 생각한다. 기존의 6자회담 채널에서 중국과 러시아가 대북 제재에 대해서 다소 미온적인 태도를 보이다가 중국이 미국의 설득으로 보다 적극적인 자세로 돌아선 반면 러시아는 오히려 북한을 지원하거나 두둔하는 태도를 보이고 있기 때문에 북한 비핵화에 도움이 되지 않고 있다. 따라서 NPT상의 공식적 핵보유국인 미국 뿐만 아니라 영국과 프랑스가 중국과 러시아에 대해서 영향력을 더 행사할 수 있는 회담체제를 갖추는 것이 필요하다고 생각된다. 이것이 기존의 6자회담 체제가 가진 문제점, 즉 어떤 사안이 있을 때에 중국과 러시아가 북한 편을 들 경우, 한미일이 같은 입장이 되어 3 대 3으로 대립국면이 전개된다면 북한 비핵화에 아무런 진전이 있을 수 없기 때문이다. 한편 미국과 북한 간에 양자 간 직접 접촉과 협상이 필요한 것은 이 두 국가가 핵문제의 열쇠를 갖고 있기 때문이다.

그런데 앞으로 만약 북미 간에 양자 협상을 한다면, 미국팀이 종전 보다 더욱 탁월한 협상기술과 능력을 발휘할 수 있도록 해야 하며, 일관된 대북핵 정책을 견지해야 한다. 그리고 미국 정부는 북한 핵을 검증가능한 방법으로 반드시 폐기시키려는 목적의식과 철저한 합의문 추구방식을 견지해야 한다. 북한의 핵협상 전략을 철저하게 분석하고, 조금이라도 북한의 위반가능성을 남기거나 예외조항을 남겨서 그것을 핵무기 제조에 활용하려고 하는 북한을 원천적으로 봉쇄하는 조치가 마련되지 않으면 협상은 백날 해도 소용이 없기 때문이다. 미국의 협상가들은 민주당 혹은 공화당이라는 정부를 초월한 초당적인 조직과 책임감, 협상 능력을 가져야 한다. 김일성–김정일–김정은 3대를 이어 계속되는 북한의 핵무장을 막기 위해서는 미국도 정권을 초월한 초지일관한 대북한 비핵화 정책과 전략을 마련하지 않으면 안 된다. 집권하는 동안만 북핵 위기를 안정화시키면 된다는 근시안적 혹은 미봉적인 태도를 가지고는 이미 핵보유의 문턱을 넘어선 북한을 다시 비핵화로 돌이킬 수 없기 때문이다.

둘째, 북한과의 미래 핵협상에서 처음부터 제기되어야 하고, 협상의 중간에 빠뜨려서는 안 되며, 반드시 합의문서에 반영되어야 하는 것은 모든 북한 핵의 폐기를 검증할 방법과 절차에 관한 것이다. 지금까지의 3차례의 핵합의는 동결－불능화－신고－검증－폐기의 5단계로 설정하고 동결－불능화 단계에서 끝나고 말았다. 사실상 북한은 동결＝폐쇄·봉인＝불능화＝가동중단 이란 생각을 갖고 있었다. 북한에게는 모든 용어가 똑같은 의미를 지니고 있지만, 다른 협상에서 각각 다르게 표현함으로써 북한 당국은 그 본질을 숨기고자 했다. 그리고 동결 대상은 북한이 1992년에 IAEA에 신고했던 시설들로서 그동안 개발하고 발전시킨 핵물질, 핵시설, 핵제조과정, 핵실험 등 모든 대상이 포함되지 않았다. 따라서 이제 또 다시 북핵 협상이 재개된다면, 북한에게 무슨 인센티브를 제공하더라도 합의문은 북핵의 모든 것을 리스트로 만들고 핵폐기 절차를 담아서 검증가능한 핵폐기가 달성되도록 상세한 검증합의문이 될 필요가 있다.

또한 북핵폐기를 맡을 검증의 주체는 6자회담 당사국과 IAEA가 혼성으로 국제공동검증단을 만드는 것이 최선이라고 생각된다. 역사상 핵보유국 간의 핵군축협상에서는 당사국끼리 검증단을 만들어서 직접 핵무기폐기과정을 이행하고 검증하였던 사례가 있다. 미국과 구소련 간의 중거리핵무기폐기협정에 대한 이행과정에서 미국과 구소련, 미국과 러시아는 상호 검증단을 만들어서 철저히 핵무기 폐기과정을 감시감독하고 핵폐기를 완전히 달성하였다. 그런데 이라크, 이란 등에 대해서는 미국이 유엔특별사찰단을 구성하거나 IAEA에 그 기능을 맡겼는데, 이것의 문제점은 IAEA가 대상국의 검증에 대한 정보를 관심국가들에게 공개하지 못하는 데에 있었다. 북미 제네바합의의 이행과정에서 검증을 IAEA 사찰관에게 맡겼기 때문에

IAEA의 사찰정보는 미국 혹은 한국과 공유할 수 없었고, IAEA의 사찰 권한 또한 매우 제한적이었기 때문에 사찰의 목적을 제대로 달성할 수 없었다. 따라서 6회에 걸친 핵실험을 한 북한이 다양한 핵물질과 핵무기를 가지고 있다는 점을 감안할 때에, 북한에 대한 핵폐기 사찰을 책임질 검증기관은 6자회담 당사국과 IAEA가 혼성으로 국제공동검증단을 구성하여 운영하는 것이 가장 효과적일 것으로 생각된다.

03

북핵 위협,
억제할 수 있나?

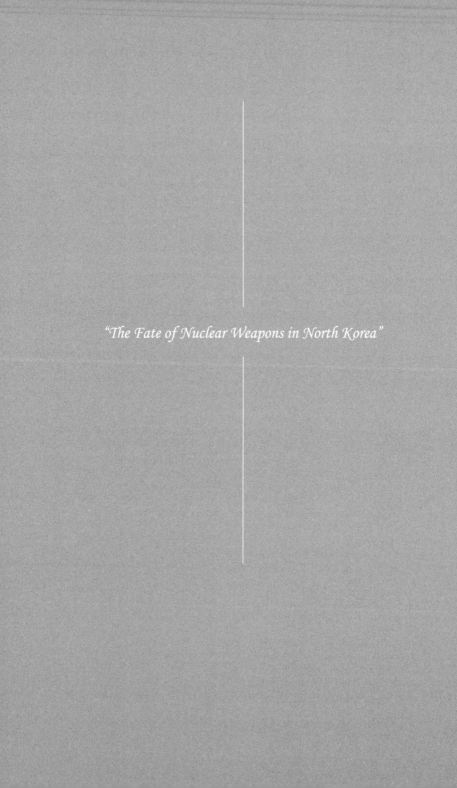

"The Fate of Nuclear Weapons in North Korea"

03.
북핵 위협,
억제할 수 있나?

북한 판 "억제이론"의 실상

김정일 시대인 2006년 10월 9일과 2009년 5월 25일, 북한은 핵실험을 두 차례 감행하였다. 미리 예견된 일이기는 했지만 한국을 비롯한 국제사회는 북한의 핵실험으로 말미암아 분노와 충격에 휩싸였다. 북한 핵실험의 파장에 대해서 대다수의 군사전문가들은 한반도에서 전략적 균형이 깨어졌다고 생각했다. 왜냐하면 탈냉전 직후 미국은 한반도로부터 모든 전술핵무기를 철수시켰으며, 한반도는 남한과 북한이 한반도비핵화공동선언을 합의하고 비핵화될 것이라고 기대했기 때문이다. 1991년부터 미국은 한국에 대한 안보공약을 이행하기 위해 재래식 군사력으로 북한의 남침을 억제하며, 북한도 동시기에 한반도에서 북한과 한국과 미국 사이에 억제력의 균형이 이루어졌기 때문에 평화가 유지되고 있다고 발표한 바 있었다.

그러나 두 차례에 걸친 북한의 핵실험과 핵무기 보유로 인해서 한반도에서 재래식 억제력 균형의 시대는 마감되었다. 국제사회는 NPT 상의 5개의 공인된 핵보유국미·소·영·프·중의 제1차 핵시대에서 이스라엘, 인도, 파키스탄, 북한의 제2차 핵시대로 진입하였다고 말하고 있다. 이에 미국, 영국, 프랑스, 중국, 러시아 등 UN 안보리 상임이사국들은 UN안보리에서 북한의 핵실험이 동북아와 세계의 안보에 위협을 주었다고 비난하면서 대북 제재 결의 제1718호와 제1874호를 각각 만장일치로 통과시켰다. 이로써 한반도에서 북한의 핵위협은 현실로 등장했으며, 동북아에 핵도미노 현상을 불러일으킬 것이라고 하는 불길한 전망이 나오기도 하였다.

2003년 8월부터 2008년 12월까지의 6자회담에도 불구하고 북한이 핵무기를 보유하게 된 것은 한국의 국가안보에 엄청난 도전과 위협을 던졌다. 나아가 북한의 핵보유는 탈냉전 이후 국제비확산 체제에 대한 제일 큰 도전이자 기존의 비확산체제로 감당할 수 없는 문제가 되었다. 북핵문제가 21세기에 한국이 직면한 가장 큰 군사안보 문제임에도 불구하고, 북한의 핵실험 이후 한국 국내에서는 대북정책의 효용성과 지속 여부, 진보와 보수세력의 서로 "네 탓" 공방, "북핵은 북미간의 문제이며 북핵이 이 지경까지 이르게 된 것은 미국책임론", "설마 북한이 동족인 한국을 향해 핵무기를 사용하겠는가"에 대한 논쟁, 북한의 핵무기 사용불가론 같은 정치적 논쟁이 더 많이 일어났다.

따라서 북핵이 한국과 동북아에 미치는 군사안보적 차원의 함의와 북핵에 대한 군사적 대처방안에 대한 논의가 충분하게 이루어지지 못하고 있다.

여기서 우리가 분명히 알아야 할 것은 북한이 왜 미국과 한국을 비롯한 국제사회의 반대에도 불구하고 핵무기를 개발했는가에 대해서 "북한판 억제논리"를 제대로 파악해야 하는 것이다. 앞에서 본 바와 같이 김정일 시대에는 북한이 핵억제력을 가시화하고, 핵무기를 만드는 목적이 미국의 북한에 대한 침략위협을 억제하는 데 있다는 북한판 억제력 논리가 만들어지는 시대였다.

북한은 소위 "미국의 전쟁책동 특히 대북한 선제공격을 억제하기 위해 핵무기를 개발했다"고 주장해 온 것이다. 김정일 시대의 북한은 억제 목적으로만 핵무기를 개발했지 실제로 사용하거나 이를 가지고 남한을 위협하기 위해 만든 것이 아니라고 주장한 바 있다. 소위 '북한판 억제론'에 의하면 미국이 북한에 대해 군사적 공격을 감행하려 할 경우에 북한은 이를 억제하기 위해 핵무기를 만들었다는 것이다. 한국 내 몇몇 전문가들은 북한이 미국에 대한 실존적 억제 정책의 일환으로 극소수의 핵무기를 만들었으며 이를 실전 배치하지는 않을 것으로 보기도 했다.

이러한 논리는 "마차를 말 앞에 두는 것"과 같은 자가당착이다. 북한의 핵개발은 미국의 선제공격 주장이 대두되기 훨씬 이전인 1980년대 후반부에 시작된 점을 감안하면 북한이 미국의 선제공격 억제용 혹은 미국의 대북한 적대시 정책 때문에 핵무기를 만들었다는 논리는 자기모순에 빠진다고 볼 수 있다. 미국 부시행정부의 선제공격론은 2002년 북한의 비밀 우라늄탄 개발사실이 밝혀진 이후 북한이 핵무기 개발을 가속화시키자 나온 미국의 대북한 압박 카드 중의 하나였고, 2003년 3월 부시 행정부의 이라크 침공 이후 더 구체화되기 시작했기 때문이다.

북한의 자위적 억제력 구축 노력 주장은 2001년 부시 행정부의 등장 이전과 이후로 구분해서 설명해 볼 수 있다. 2001년 부시 행정부의 등장 이전에 북한은 핵억제라는 개념을 사용하지 않고 단순한 억제론을 주장해 왔다. 즉 "한반도에서 전쟁이 발생하지 않은 것은 북한 대 남한·미국 양편 간의 억제력의 균형이 존재해 왔기 때문에 전쟁이 발생하지 않았다"고 설명해 왔다. 이것은 북한 대 남한·미국 사이에 재래식 균형이 존재해 왔다고 북한이 인정한 것에 다름아니다.

그러나 북한은 1994년 10월 제네바 핵합의에도 불구하고 핵무기 개발을 계속해 왔으며, 1990년대 말에는 우라늄농축프로그램을 시작했다. 2001년 부시 행정부 등장 이후 북한은 "우리가 미국의 대북한 압살책동을 예견하고 미리 군사력을 튼튼히 해 온 것은 선견지명이 있었던 것임이 드러났다"고 한데서 보듯 억제력을 계속 발전시켜 왔던 것이다.

이 책의 제1장에서 본 바와 같이, 북한이 미국의 침략가능성에 대한 억제력, 특히 핵억제력을 공식적으로 시사한 것은 2003년 4월이다. 2003년 4월 북한의 외무성 대변인은 "이라크 전쟁은 전쟁을 막고 나라의 안전과 민족의 자주권을 수호하기 위해서는 오직 강력한 물리적 억제력이 있어야 한다는 교훈을 보여주고 있다"고 하면서 북한이 핵억제력을 보유하고 있음을 은연중에 내비쳤다. 어느 북한 전문가는 "북한의 핵보유 통보는 북한의 계산된 행동이며, 핵무기로 미국을 협박함으로써 미국의 선제공격 가능성을 억제하자는 의도"라고 주장했다.

2003년 6월 북한 외무성 대변인의 성명에서 북한은 핵억제력 강화를 공식화하고 있다. "우리는 날로 그 위험성이 현실화되고 있는 미국의 대조선 고립 압살 전략에 대처한 정당방위 조치로서 우리의 자위적 핵억제력을 강화하는데 더욱 박차를 가할 것이다"라고 하고 있다. 핵억제력 선언은 2005년 2월 북한이 핵보유를 공식적으로 선언하면서 밝힌 문건에 더 명백하게 나타난다. "우리는 부시행정부의 증대되는 대조선 고립압살정책에 맞서 핵무기 전파방지조약에서 단호히 탈퇴하였고, 자위를 위해 핵무기를 만들었다. 우리의 핵무기는 어디까지나 자위적 핵억제력으로 남아 있을 것이다."

이 책의 제1장에서 지적한 것처럼, 비핵보유국이 핵무기를 보유하려는 가장 첫 번째 이유가 자국의 안보를 보장하고 외부의 위협을 억제하기 위한 "안보동기"라고 말할 수 있다. 그러나 핵무기가 억제 목적으로만 개발된다고 가정한다고 하더라도, 한반도 같은 남북 대치 상황에서 인정될 수 있을까? 북한같은 불량국가rogue state 겸 독재국가는 국민의 복지와 인권을 무시하고 선군정치 하에 폐쇄적 군대 집단이 득세하고 있으므로 일부 소수 군부 통치세력의 이익만을 위해 핵무기를 사용할 가능성이 있다는 주장이 가능하다. 이런 관점에서 볼 때, 북한의 핵무기 보유는 북한의 지도부를 예전보다 더 호전적이 되게 만들 가능성이 크다. 이것을 입증이라도 하려는 듯이, 김정은은 2013년 2월 제3차 핵실험을 감행한 직후에 용감하게도 미국의 뉴욕 맨해튼 남부를 불바다로 만드는 동영상을 만들어서 발표하였다. 미국과 구소련 간의 핵군비경쟁 시대에도 없었던 —구소련 이외의 한 국가가 미국을 직접 핵무기로 공격하는 동영상을 만들어서— 미국을 깜짝 놀라게 하는 행동 그 자체가 김정일 시대에는 꿈도 꿀 수 없었던 도발이었던 것이다.

따라서 북한은 핵억제력을 넘어서 한국, 일본, 한반도와 아태 지역의 각종 미군기지, 나아가 미국 대륙을 공격할 수 있는 각종 핵무기와 미사일을 개발하여 훈련하고 있다. 핵무기 사용을 전제한 훈련과 교리, 핵전략을 개발하고 있다는 각종 증거는 김정일 시대 말기부터 시작한 전략군사령부의 창설과 운영, 전략군사령부에 걸린 각 지역별 작전지도, 김정은의 전략군사령부에 대한 방문과 전략군사령부에 대한 각종 지시사항, 관련된 자료의 공개와 동영상의 대외 유포 등에서 나타난다. 즉, 김정은 시대의 핵전략이 김정일 시대의 보복적 억제 단계를 지나서 선제공격을 포함하는 거부적 억제전략으로 발전되고 있음을 보여준다고 하겠다.

김정은이 2017년 신년사에서 "대륙간탄도미사일ICBM 시험발사 준비가 마감 단계"라고 밝힌 뒤 2017년 한 해 동안에만도 북한은 총 15회, 20발의 탄도미사일을 시험 발사했다. 7월 4일 ICBM 화성−14형을 발사했고, 11월 29일 ICBM인 화성−15형을 발사한 뒤 "국가 핵무력 완성"을 선언했다. 9월 3일에는 역대 최대 150~250kt 폭발력 규모의 6차 핵실험을 했다. 북한이 2017년 8월 15일 '괌 포위 사격' 등을 위협하며 한반도 위기설을 계속 부추겼다. 북한의 핵보유가 단순한 억제가 아닌, 한반도와 동북아의 핵질서와 안보질서를 변화시키기 위한 강압과 강제를 현실화시킨 한 해였던 것이다. 김정은이 보인 이러한 행동은 핵무기를 언제나 어디서나 사용할 수 있다는 의지의 표시로서 북한이 방어적 억제에서 공세적 억제로 나아가고 있다는 것을 보여준다.

북한의 각종 핵사용 시나리오와 전략적 함의

북한은 미국의 군사위협을 억제할 목적으로 혹은 미국의 대조선 적대시 정책에 대응해서 핵무기를 개발해왔다고 주장해 왔는데, 북한이 핵무기를 실전에 사용할 가능성은 없는가? 북한이 핵을 실제 사용하지 않는다고 하더라도, 핵능력을 믿고 재래식 전쟁을 시도하거나, 비대칭 군사도발을 감행하거나, 재래식전쟁과 핵전쟁을 혼합하여 구사할 가능성은 없을 것인가? 북한이 핵무기를 사용할 경우, 미국의 보복 핵공격으로 존재 자체가 사라질 위험성에도 불구하고 핵무기를 사용할 결단을 내릴 것인가? 어떤 경우에 그런 결단을 내릴 것인가?

이러한 질문들이 군사안보차원에서 발생함은 당연한 일이다. 이러한 질문들에 대해 확실한 대답과 대책이 있어야 한반도에서 평화와 안정, 대북한 전쟁 억제가 성공적으로 달성될 수 있기 때문에 북한 핵무기 사용 위협의 각종 시나리오와 그 전략적 함의에 대해서 알아보는 것은 우리의 안보를 위해 필수적인 작업이다.

이와 관련하여 전문가들은 두 가지 견해로 갈려져 있다. 아무리 핵무기를 보유한 국가라고 하더라도 핵무기를 실제 사용할 가능성은 없고 오로지 억제 목적으로만 핵무기를 보유한다고 하는 주장핵무기 사용 불가론과 북한이 핵무기를 보유한 것은 실전에 핵무기를 사용하기 위한 것핵무기 사용론이란 주장이 엇갈리고 있다.

일반적으로 국제정치학자들과 안보전문가들은 핵사용론과 불가론으로 나뉘어 갑론을박을 벌여 왔다. 핵무기 사용 불가론자들은 미국이 먼저 핵을 보유하고 난 직후 일본에 대해 두 차례 핵무기 공격을 가함으로써 제2차 세계대전을 종식시킬 수 있었지만, 이것이 핵무기가 사용된 유일한 사례라고 주장한다. 그 이후 미국 뿐만 아니라 소련, 중국, 영국, 프랑스는 핵무기를 사용한 적도 없고, 이스라엘, 인도, 파키스탄도 핵무기를 사용하지 않고 있다는 사례를 예로 들면서 이들은 핵무기의 사용불가론을 주장하고 있다.

설사 1981년에 아르헨티나와 영국간에 전개된 포클랜드 전쟁 Falklands War 초기에 미국이 영국과 아르헨티나 양국에 대해서 중립적 입장을 취하자, 영국의 대처Margaret Thatcher수상이 "만약 미국이 영국의 입장을 지지해주지 않을 경우 핵무기를 사용할 수밖에 없다"고 협박함으로써 미국의 영국 지원을 끌어내었다고 하더라도 이것은 핵무기가 사용될 수 있다는 것을 입증하는 것이 아니란 것이다. 이들은 핵무기가 정치적인 무기이지 군사적인 무기가 될 수 없다고 주장하고 있다. 히로시마와 나가사키에서 미국의 핵무기가 보여준 비인도적, 천문학적, 무차별적인 피해 때문에 그 이후 핵보유국의 정치지도자들은 핵무기의 사용을 회피해 왔으며 이러한 정치적 판단과 인도적 윤리는 앞으로의 핵무기 사용을 저지하는 데에 큰 역할을 할 것이라고 본다. 이들은 한 발 더 나아가 핵은 사용될 수 없기 때문에 미래 전쟁에서는 핵무기의 적실성이 사라질 것이며, 궁극적으로는 국가들이 핵무기 만들기를 포기할 것이라고 하는 주장으로 한 발 더 나아간다.

하지만 일본에 대해서 두 차례 사용된 것 이외에 핵무기가 사용된 적이 없다고 해서 미래에도 그럴 것인가? 여기에 대해서 스콧 세이건과 몬트브리얼Therry De Montbrial 같은 학자들은 국내정치가 불안한 개도국과 후진국의 비이성적인 지도자들은 핵무기가 있다면 사용을 주저하지 않을 것이라고 본다. 군국주의적 지도자들이 핵무기를 개발함으로써 이웃 국가들을 강요하거나 군사적으로 정복하는 데 사용할 수 있다는 것이다.

파키스탄 같은 군부가 집권하는 국가는 기존의 선진 핵보유국과 달리, 군부의 독재지향성 때문에 핵무기를 사용할 수 있다고 본다. 군부는 조직논리상 편협하고 폐쇄적이며 일반 민중들보다는 군부자체의 편협한 이기주의에 의해 행동하므로 핵무기를 갖고 있으면 전쟁도발의 가능성이 높아지고 나아가 핵무기의 사용 가능성도 높아진다는 것이다. 여기서 인도와 파키스탄의 차이점을 설명한다. 인도는 문민통제와 민주주의의 관행이 정착되어 있으므로 핵실험, 핵설계, 핵관련 지휘통제에 있어서 군부가 배제되어 있어 핵사용을 억제할 국내적 제도장치가 되어 있다고 한다. 1980년대 초 인도의 군부가 파키스탄의 카후타 핵시설에 대해 예방공격을 시도하자고 건의하였으나, 문민 정치지도자인 인도수상은 이를 거부했다는 것을 사례로 들고 있다. 반면에 파키스탄은 군부 독재정부가 1999년 카길분쟁Kargil War을 주도했다. 파키스탄 군부독재정부가 인도와의 전략적 균형과 안정을 고려하기 보다는 전술적 기습효과에 착안한 나머지 기습공격을 가함으로써 인도와의 사이에 핵무기 충돌의 가능성까지도 무릅썼다는 것을 지적한다. 또한 테러세력이 파키스탄의 국경 내에서 활동하고 있으므로 정정이 불안한 파키스탄의 핵무기는 테러세력의 공격목표가 될 수도 있고, 테러세력이 탈취할 수도 있다는 것이다. 이와 같은 논리를 적용하면 북한이 파키스탄과 유사한 사례가 될 수 있을 것이다.

미국 랜드연구소의 브루스 베네트Bruce Bennett 박사는 "북한의 핵무기 보유량이 많아질수록 핵무기를 실전에서 사용할 가능성이 높아진다"고 보고 있다. 만약 북한이 10개 미만의 핵무기를 갖고 있을 경우, 핵무기를 선제 사용해 버리고 나면 미국의 보복 공격을 억제하기 위한 목적에 사용할 여분의 핵무기가 없기 때문에, 소수의 핵무기는 사용하지 않고 계속 보유하고 있을 가능성이 높다고 본다. 그러나 "북한이 20여 개 이상의 핵무기를 보유하고 있다면, 실전에서 전쟁목적으로 사용할 가능성이 높아진다"는 것이다. 몇 개의 핵무기를 실전에서 사용하고, 나머지는 미군의 한반도 증원 가능성을 차단하거나 한미동맹군의 반격작전을 억제하기 위해 2차로 사용할 수 있다는 것이다.

만약 북한이 실전에 핵무기의 사용을 고려한다면 어떤 경우에 가능할까? 실전에서 북한이 핵무기를 사용하거나 사용을 위협할 가능성은 다음과 같이 네 가지 경우로 구분해서 설명할 수 있다.

첫째, 북한이 남북한 체제 경쟁에서 도저히 이길 자신이 없으며, 현재 건설한 핵과 재래식 전력을 사용하여 무력으로 남북통일을 시도하는 길 이외에는 북한체제의 미래가 없다고 판단할 때 핵무기 사용을 심각하게 고려할 가능성이 있다. 이 경우에는 한미 동맹이 아무리 많은 억제력을 갖고 있다고 하더라도 혹은 미국이 한국에 대해 핵억제력을 아무리 많이 제공한다고 약속할지라도, 실효적으로 북한을 억제할 수 없다. 이 경우는 억제가 실패하는 경우이다.

사람들은 비슷한 사례로서, 제2차 세계대전 때에 국력과 군사력이 약한 일본이 미국을 먼저 공격한 경우를 예로 들고 있다. 일본은 시간을 끌면 끌수록 미국과의 국력과 군사력 비교에서 차이가 더 벌어질 것이기 때문에 나중에 공격하기 보다는 지금 공격하는 편이 낫다고 판단하여 미국의 진주만을 기습공격 하였다고 본다. 객관적인 국력과 군사력의 현격한 차이가 약소국의 전쟁도발을 억제하지 못하는 경우가 이런 경우이다.

북한은 선군정치의 기치를 내걸고 모든 국력을 핵개발과 전쟁준비에 집중 투자해 왔다. 시간을 끌면 끌수록 핵과 재래식 전력은 무용지물이 될 가능성이 많고 경제는 피폐해져서 실패한 국가가 될 것이기 때문에, 북한이 자포자기에 이르기 전에 핵전쟁을 개시하는 경우가 이에 해당될 수 있다.

만약 궁지에 몰린 김정은이 핵무기를 사용해서 전쟁을 일으킨다면 매우 처참한 결과를 초래할 것이다. 다음 <그림 3-1>에서 보는 바와 같이, 북한이 서울 혹은 평택의 미군기지를 10kt 원자탄으로 폭격한다면, 34만 명의 피해자가 즉시 발생하며, 모든 전쟁수행 능력은 일단 마비될 것이다. 경제적인 피해는 최대 1.5 조 달러로 추산된다. 기타 혼란상은 예측불가하다.

북한이 몇 번 협박한 바와 같이 괌을 포함한 해외 미군기지와 미군이 증원되어 들어 올 부산, 포항 등지에 핵무기로 공격을 가한다면 서울과 비슷하게 처참한 피해를 초래할 것이다. 또한 미국의 증원군의 한반도 파견은 미증유의 지장을 겪을 것이다.

그림 3-1 | 북한이 서울을 핵공격하는 경우의 피해(예상)

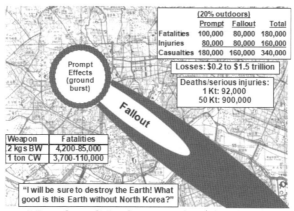

	(20% outdoors)		
	Prompt	Fallout	Total
Fatalities	100,000	80,000	180,000
Injuries	80,000	80,000	160,000
Casualties	180,000	160,000	340,000

Losses: $0.2 to $1.5 trillion

Deaths/serious injuries:
1 Kt: 92,000
50 Kt: 900,000

Prompt
Effects
(ground
burst)

Fallout

Weapon	Fatalities
2 kgs BW	4,200-85,000
1 ton CW	3,700-110,000

"I will be sure to destroy the Earth! What good is this Earth without North Korea?"

North Korean Ability to Cause Civilian Casualties in Seoul(10 Kt Ground Burst Nuclear Weapons)

출처: Bruce Bennett, RAND.

이와 관련하여 미국 랜드연구소의 폴 데이비스Paul K. Davis는 북한이 핵무기를 먼저 사용할 수 있다고 설명하고 있다. 한반도 위기 시 북한의 지도부가 매우 절박한 상황에 처했다고 판단하는 경우, 한미 양국의 동맹관계의 결속도가 약해져서 미국이 한국을 위해 북한에 대한 핵 보복공격을 할 가능성이 적을 것이라고 북한 지도부가 판단하는 경우, 핵으로 선제 공격함으로써 상대방을 철저하게 파괴하고 승리할 수 있다고 북한 지도부가 확신하는 경우와 위기가 확전되어 핵무기를 사용하는 것이 최선이라고 북한 지도부가 판단하는 경우에는 북한의 지도부가 핵 선제 사용을 감행할 수 있다는 것이다.

김정은 시대에는 북한이 핵실험에 성공한 후 다양한 핵무기를 가지고, 전략군을 조직하고, 교육훈련, 전시 세칙 개정 등을 통해 핵무기 사용 전략을 구체화시켜 왔다. 2017년 8월 김정은은 연평도와 백령도 점령 훈련을 참관하면서, "서울을 단숨에 타고 앉아 남반부를 평정하라"는 지시를 내렸고, 9월 핵실험 후에는 북한 군부가 나서서 "남반부 전역을 단숨에 깔고 앉을 수 있는 만단의 결전태세를 해야 한다"고 위협하였다. 8월에 전략군사령부를 순시하면서 남한 전역에 대한 작전지도를 보여주었다. '남조선 작전지대'라는 지도에는 남한 전역을 4개 권역으로 분류한 선이 표시돼 있는데, 군사분계선MDL 축선과 울진권역, 포항권역, 부산 앞바다가 4개의 권역이다.

또 지도 오른쪽에 그려진 도표 4개에는 북한이 타격 목표로 삼는 주요 부대와 국가전략 시설 등이 적힌 것으로 보인다. 이것은 북한이 핵무기를 탑재하여 스커드사거리 300~500㎞와 노동사거리 1300㎞ 등 미사일의 유효사거리를 기준으로 남한 주요 시설에 대한 타격 목표와 범위를 설정해 놓은 것으로 보여진다. 김정은 정권이 남한의 모든 지역을 타격목표로 설정할 뿐만 아니라 특히 미군의 증원군이 들어 올 수 있는 부산과 포항 권역에 핵미사일을 사용하여 저지시킬 계획이 있음을 보여준다고 하겠다. 이것은 북한식의 대담한 공세적 핵공격 시나리오를 연상하게 하는 것으로서 이에 대한 철저한 대비가 필요하다.

북한이 핵무기를 선제 사용할 수 있는 가능성에 대해서 미국 기업연구소의 에버스태트Nicholas Eberstadt 박사가 2004년에 이미 언급한 바 있다. 북한은 미국이 영변을 선제공격한 것처럼 위장하고 이에 대한 책임을 미국에 전가하면서 주한미군기지에 핵폭격을 감행할 가능성이 있다고 경고한 바 있다. 그는 만약 북한이 핵을 포기하지 않을 경우 미국의 선제공격 가능성은 열려 있으며, 북한이 이를 역이용하여 영변과 그 부근에 미국이 공격한 것처럼 폭발사태를 만들어서 보복용으로 핵을 사용할 구실을 찾을 경우에 이런 사태도 발생할 수 있다고 지적한 것이다. 이 시나리오는 한국에 반미감정이 확대되고 미국의 선제공격 가능성에 대한 한국 내 반미운동이 고조될 경우에 발생할 가능성이 있다.

둘째, 북한이 전쟁에서 이길 수 있다고 계산한 결과 재래식 전력을 사용해서 서해 5도나 서울을 공격한 다음, 전쟁 초기에 얻은 이익을 지키기 위해 한미 동맹군의 반격을 제한할 목적으로 혹은 미군의 한반도 증원을 막기 위해서 핵전쟁으로의 확전을 각오하라고 위협하는 경우를 예로 들 수 있다. 이것은 재래식 기습전쟁으로 남한의 일부를 장악한 이후에 핵사용을 위협함으로써 주한미군과 한국군의 반격작전을 중단시키기 위한 경우도 포함된다.

이 시나리오의 발생가능성에 대해서는 북한의 핵능력이 현실화되기 이전으로 거슬러 올라간다. 일본 내 조총련 소속으로 있는 전문가 김명철의 주장이 매우 시사적이다. 그는 "북한군이 주한미군과 한반도에 인접해 있는 해외 미군기지 그리고 미 본토의 일부 도시를 섬멸할 군사능력을 보유하고 있다는 것은 엄연한 사실"김명철, 『김정일의 통일전략』, pp. 214-219. 이라고 주장하면서, "북한은 강력한 군사력을 가지고 있음으로써 세계적 초강대국인 미국과 맞서 싸워 올 수 있었으며 필요하다면 미국에 강력한 주먹핵무기를 날릴 수 있다"고 주장했다. 그는 북한의 군사력이 강한 이유는 김일성과 김정일의 독특한 군사사상에 있으며 북한은 미국과 군사대결이 발생할 경우 북한이 보유한 무기 즉 핵무기만으로도 충분한 대응이 가능하다고 보고 있다. 즉, 북한의 독특한 군사사상과 호전적인 군사전략을 사용하여 핵전쟁을 위협하거나 핵무기를 전쟁에서 사용함으로써 전쟁에서 승리를 추구한다고 볼 수 있다.

이것은 김정일 시대에 북한이 핵무력을 억제력이라고 에둘러 말하고 있을 때인데, 김정은 시대에는 실제로 북한의 핵무기 능력과 사용

가능성이 더 커진 것으로 보아도 무방하다.

셋째, 북한이 핵전자기파Electromagnetic Pulse:EMP의 효과를 노리고 한미연합지휘체계를 마비시킴과 함께 미국의 한국전 개입을 차단하기 위해 외기권에서 원자탄 혹은 수소탄을 폭발시키는 경우이다. 이것은 북한이 2017년 9월 3일 수소탄 실험을 성공시키고 난 직후, 북한 중앙방송의 발표에서 그 가능성을 언급한 데서도 현실화 될 가능성이 있다. "조선로동당의 전략적 핵 무력 건설 구상에 따라 우리의 핵과학자들은 9월 3일 12시 우리나라 북부 핵시험장에서 대륙간탄도로케트 장착용 수소탄 시험을 성공적으로 단행하였다. 이것은 ICBM에 장착하는 수소탄 실험으로, 전자기파EMP 공격도 가능케 한 역대 최대 규모였다"고 주장하였다.

북한 핵과 ICBM 문제를 둘러싸고 북미 간의 대결이 막바지로 치닫고 미국의 트럼프행정부가 선제공격 옵션으로 북한을 압박하게 되면, 북한이 직접적인 핵 선제공격을 할 경우 미국으로부터의 대량 핵보복의 위험부담이 너무 크고 국제적 여론의 반발이 너무 클 것이기 때문에, 남한의 상공 40－100km 외기권에서 핵폭탄을 터뜨림으로써 EMP 효과를 거두고자 하는 경우에 핵EMP탄 사용이 현실화 될 수 있다.

EMP효과는 전자기충격파로 번역된다. 북한이 외기권 40－100km 상공에서 20kt 이상의 핵폭탄을 폭발시키면, 인명 피해는 거의 없으면서 EMP효과를 발하게 된다. 예를 들어, 고도 40km에서 핵폭탄을 폭발시키게 되면 반경 700km 내에 모든 주한 미군, 주일 미군, 한국군의 전자장비와 전자통신을 쓰는 미사일, 전투기, 함정, C4ISR 체계, 기타 무기체계를 마비시키고, 한국과 일본, 인근 태평양에 있는 모든 민간용 전자기기와 컴퓨터, 항공기, 선박, 항만, 교통, 전력, 금융 시스템 등을 마비시킴으로써 일거에 모든 군과 사회의 인프라가 파괴되는 효과를 거두게 된다.

만약 북한이 미국을 상대로 ICBM을 이용하여 핵EMP탄을 터뜨리고자 한다면, 고도 400km에서 수소탄을 폭발시키면 반경 2,200km 내의 모든 전자통신 인프라가 파괴된다. 피해 대상물의 종류는 지상 40km의 경우와 비슷하다.

북한의 지도부는 핵EMP 효과를 노리고 외기권에서 핵폭발을 시도할 경우, 직접적인 핵무기 사용으로 인한 인명 살상 및 건물 파괴는 피할 수 있기 때문에 국제사회로부터 비난을 피할 수 있고, 미국의 직접적인 핵보복 공격을 받지 않을 수도 있다고 예상할 수 있다. 또한 북한이 EMP능력을 확실하게 보여줌으로써 한미 양국과 일본에게 큰 충격이 발생하고, 아예 개전 초기에 이들 국가의 전쟁의지를 상실하게 만들 수 있다고 판단할 수 있다.

이와 관련하여 2000년 5월에 미국의 헤리티지재단Heritage Foundation에서 발표한 한 보고서에 의하면, 만약 미국의 상공 95마일에서 핵폭발이 발생할 경우에 미국 전 지역의 1/4 만큼 전자장펄스효과가 미쳐 모든 전자기기가 용해되어 버리고 반도체, 전자장비, 무선 통신, 컴퓨터, 레이더, 미사일, 항공기, 선박, 지상 교통이 마비될 수 있다고 예상하기도 했다.

북한은 이미 핵폭발의 EMP적 사용 가능성에 대해 대외에 경고한 바 있고, 이를 활용하기 위해 많은 연구를 하고 있는 것으로 드러났다. 역으로 미국이 북한에 대해서 군사옵션의 하나로 핵EMP탄을 사용할 수 있는 가능성이 있는데, 이에 대해서도 북한은 많은 대비를 하고 있는 것으로 예상해 볼 수 있다.

북한의 핵EMP 공격에 대해서 국내 언론에서도 다룬 바 있다. 중앙일보2017년 9월 5일자는 북한의 로동신문9월 4일을 인용하면서 '핵무기의 EMP 위력' 기사를 통해 EMP의 효과를 자세히 설명했다. 당시 김정은 노동당위원장이 핵무기연구소에서 수소탄을 둘러본 소식을 전하면서 "전략적 목적에 따라 고공에서 폭발시켜 광대한 지역에 대한 초강력 EMP 공격까지 가할 수 있다"고 전했다. 한국의 군 관계자는 "북한의 관영매체에서 이틀 연속으로 EMP에 대해 보도한 게 예사롭지 않다"며 "북한이 EMP 공격에 관심을 갖고 있는 것으로 보인다"고 말했다.

권용수 국방대 교수^전는 "북한이 EMP 공격에 관심을 둔 이유가 있다. 북한이 장거리탄도미사일^{ICBM}을 개발할 때 가장 큰 난제로 꼽히는 대기권 재진입 기술을 얻지 않아도 되기 때문이다. 장거리탄도미사일 탄두부가 대기권에 재진입할 때 공기 밀도가 높은 고도 20㎞ 구간을 제대로 돌파하는 게 가장 어렵다. 그러나 EMP 공격은 이보다 더 높은 구간에서 폭발해도 충분히 효과를 낼 수 있다."고 말했다. 실제 미국은 일찍부터 북한의 EMP 공격에 대해 우려를 나타냈다. 제임스 울시 전 중앙정보국^{CIA} 국장은 2014년 의회 보고서에서 "러시아가 2004년부터 북한의 EMP탄 개발을 도왔다"고 지목했다. 핸리 쿠퍼 전 전략방위구상^{SDI} 국장도 2016년 6월 월스트리트저널 ^{WSJ} 기고문에서 "북한이 미국에 대륙간탄도미사일^{ICBM}을 통한 직접적인 핵 타격보다 EMP탄을 택할 가능성이 크다"고 주장했다.

이와 함께 2015년 한국기술연구소의 한 연구결과는 "100kt^{킬로톤 · 1kt} ^{은 TNT 1000t} 위력의 핵폭탄을 서울 상공 100㎞ 위에서 터뜨리면 한반도와 주변국가의 모든 전자기기를 파괴할 수 있다고 분석결과를 발표했다." 북한이 핵무기를 폭발시켜 EMP효과를 노리고자 한다면 다음 그림과 같은 피해를 예상할 수 있다.

그림 3-2 | 핵무기 EMP의 위력과 피해범위

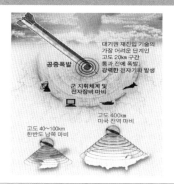

출처: 중앙일보 2017.9.5.

넷째, 한반도 위기 시 북한은 분명히 핵전쟁으로의 확전가능성을 유포하면서 한국과 미국을 협박할 수 있다. 만약 한반도에 군사 위기가 발생했을 때 북한이 위기를 핵전쟁으로 확전시키겠다고 엄포를 놓음으로써 북한에 유리하게 위기를 종결지으려고 결심하는 경우가 이에 해당한다. 북한이 핵무기를 수십 개 보유한 상태에서 위기를 확대시키면, 핵을 보유하지 않았을 경우보다 위기의 불안정성이 더 높아진다.

만약 남한이 핵무기를 보유하고 있다면 위기의 불안정성은 재래식 충돌에 국한될 수 있겠지만, 북한만이 핵무기를 보유한 상태에서는 위기의 불안정성은 더 커지며 북한의 핵사용 위협 내지 실제 사용으로 이어질 가능성이 더 커지는 것이다.

1999년 인도와 파키스탄 간에 발생한 카길 전쟁의 경우, 양국이 핵무기를 보유한 관계로 카길 전쟁은 재래식으로만 한정되었다. 양국 모두 핵전쟁으로의 확전을 원하지 않았기 때문이다. 그러나 북한의 경우, 핵무기가 없는 남한을 상대로 북한이 위기를 고조시키는 경우에, 북한이 위기 시 강압수단으로써 핵전쟁으로의 확전을 협박하면서 남한에게 굴복을 요구할 경우에 한국은 핵전으로의 확전 가능성을 두려워하여 북한에 굴복할 수 있다는 것이다. 한편 미국이 선제공격 등 위기시 북한의 굴복을 요구할 경우에 잃을 것이 없다고 생각하는 북한의 지도부는 핵전쟁으로의 확전을 무릅쓸 각오가 되어 있음을 보여줌으로써 한미 양국의 굴복을 받아내고자 할 수 있는 것이다.

결론적으로 북한의 지도부는 미국을 대상으로 지목하여 미국이 북한을 공격하려고 할 경우 이를 억제하기 위해 핵무기를 만들었다고 주장하고 있으나, 세계적으로 안보전문가들은 북한이 핵을 보유함으로써 북한 지도부의 행동선택의 범위가 넓어졌음을 알고 있다. 평시에는 남한과 미국에 대한 핵 공갈blackmail 수단으로 핵보유 사실을 활용하면서 남한을 강제compel하거나 강압coerce할 수 있고, 전시에는 전승을 보장하고 미군의 한반도 증원과 일본의 한반도 지원 그리고 한미동맹군의 북한 반격을 억제하기 위해서도 핵을 사용하거나 핵사용을 위협할 수 있다. 핵 선제공격을 한 후 남은 핵무기로 미국의 보복공격을 억제하기 위해 추가 핵사용을 위협할 수도 있다. 미국의 핵보복 가능성을 낮추기 위해서 북한은 미국 본토를 핵공격할 수 있는 핵탄두 탑재 ICBM능력을 질량적으로 증강시키기 위한 방침을 결정하였다. 북한이 얼마나 ICBM을 증강시켜 나갈지는 미지수이다.

하지만 20세기와 21세기에 걸쳐서 약소국이 핵무장을 함으로써 미국의 생존을 직접 위협하고 있는 경우는 역사상 처음이다. 북한은 미국의 동맹국인 한국과 미국의 연계를 차단하고, 한반도에서 위기를 북한에 유리하게 종결시킬 수 있는 다양한 시나리오를 개발하고 있는 것이 분명하다.

이러한 다양한 가능성에 대해 한국이 군사안보적 차원에서 대비해 놓지 않으면 평시에는 남북한 관계에서 남한이 북한에게 끌려 다 닐 가능성이 있고, 전쟁이 임박하거나 전시에는 남한의 전쟁 수행 목표가 크게 위축될 가능성이 존재하는 것이다.

북한의 핵위협을 억제하는 방안

그러면 북한의 핵사용 가능성과 핵협박nuclear blackmail에 어떻게 대 응해야 할 것인가? 북한의 핵사용 가능성과 핵협박을 사전 억제하려 면 어떻게 해야 할 것인가? 이에 대한 적절한 대처방안은 어떤 것이 있는가?

앞에서 살펴 본 바와 같이 잠재적 침략국의 핵사용을 억제하기 위 해서는 억제전략이 필요하다. 핵무기 위협에 대해서는 핵무기로 대 량보복을 위협하는 것이 억제의 가장 효과적인 방법이다. 그러나 한 국은 북한의 핵위협에 대응할 수 있는 핵무기가 없다. 따라서 한미 동맹에 근거한 미국의 핵억제전략에 의존하는 길이 가장 근본적인 방법이다. 그렇다면 탈냉전 이후 대두된 미국의 맞춤형억제전략 중 에서 어느 것이 한반도에 유효하며 어느 것을 한반도에 적용할 수 있을까에 대해서 분석할 필요가 있다. 아울러 한국이 미국의 확장억 제전략의 보호를 받으면서도 한국형 거부적 억제전략을 만들고 그 것을 뒷받침할 수 있는 군사력을 건설해 가야 한다. 그렇지 않으면 한국은 북한의 핵인질에서 벗어날 수 없을 것이기 때문이다.

핵억제 이론의 변천과 미국의 맞춤형 억제전략

북한의 핵장치nuclear device 실험 이전에는 한반도에서 북한의 재래 식 전쟁 가능성을 억제하는 데에 한국 국방정책의 모든 초점이 모아 졌었다. 한미동맹의 목적도 한반도에서 북한의 재래식 침략 전쟁을 억제하고 피침시 이를 성공적으로 격퇴하는 데 그 중점이 있었다. 물론 냉전기에는 북한의 침략에 대해 미국이 대량보복으로 이를 억제한다는 억제전략을 뒷받침하기 위해 주한 미군은 핵무기를 1958년부터 한반도에 배치해 놓고 있었으며, 주한미군의 핵무기가 한반도에서 전쟁 억제의 중요한 수단이 되었다. 그러나 탈냉전 직후 1991년 말에 미국은 한반도로부터 핵무기를 철수시켰으며, 그 이후에는 미국의 재래식 억제전략이 대종을 이루어 왔다.

북한의 핵실험 이후 한미동맹과 한국의 국방정책의 핵심은 북한의 핵사용을 억제시킬 뿐만 아니라, 북한이 재래식 전쟁과 핵전쟁을 역동적으로 연계시켜 구사할 가능성에 대해서 이를 어떻게 억제하며, 침략을 받을시 어떻게 전쟁에서 승리할 수 있을 것인가에 대해 심각하게 생각하게 되었다. 따라서 북한 핵에 대한 억제방안을 찾기 위해서는 미국의 억제전략이 어떻게 변해왔으며, 탈냉전 이후 미국의 억제전략이 어떻게 달라지고 있는지, 그리고 미국의 억제전략은 한반도와 어떤 관련이 있는지 살펴볼 필요가 있다.

냉전기 미국의 억제전략

1946년 브로디Bernard Brodie는 그의 책에서 핵무기의 등장으로 인해 앞으로 미국 안보에 있어서 가장 중요한 것은 핵무기의 사용을 방지avert하는 것이라고 언급함으로써 억제전략의 개념적 기반을 제공했다. 그 이후 냉전이 공고화 되면서 미소 간의 전쟁과 자유·공산 양 진영 간의 전쟁을 억제하기 위해 억제deterrence라는 개념이 생겨났다. 억제란 "국제사회에서 어느 일방이 상대방을 공격하려는 경우, 보복으로 인한 피해가 공격으로 인한 이익보다 클 것이라고 위협함으로써 그 일방의 공격을 방지하는 것"이다. 즉, 한 국가가 침략 활동을 하려는 마음을 먹는 경우, 보복으로 입게 될 피해가 공격으로 얻을 이익보다 훨씬 크다는 공포심을 갖게 만듦으로써 침략활동을 그만두게 만든다는 것이다. 억제이론은 핵무기가 등장하면서 그 실효성을 더 갖게 되었으며, 침략뿐 아니라 적의 강압coercion을 방지하는 것도 포함하게 되었다. 억제이론의 적용으로 냉전기간 동안 미국과 소련 사이에 핵전쟁은 발생하지 않았으며 핵무기는 사용되지 않았다.

그런데 보복으로 인한 피해가 무조건 크다고 위협하기만 하면, 침략국이 침략을 멈출 것인가? 여기서 억제가 성공적이려면 다섯 가지 조건이 충족되어야 한다고 널리 인식되었다. 첫째, 보복국은 잠재적인 침략국을 응징할 수 있는 능력capability을 명확하게 갖추어야 하며, 잠재적인 침략국은 보복국의 응징능력을 분명하게 인지해야 한다는 것이다. 둘째, 보복국이 반드시 보복하겠다는 의지will를 보유해야 하며, 이 의지가 반드시 객관적으로 분명해야 한다는 것이다. 셋째, 보복국이 보복의지를 분명하게 침략국에게 전달communicate 해야 한다는 것이다. 넷째, 잠재적인 침략국이 보복국의 억제력을 믿을 수 있어야 한다는 것이다. 다섯째, 억제력을 제공받는 동맹국들이 억제력을 제공하는 국가의 억제정책에 대해 신뢰credibility하고 또 확신assurance할 수 있어야 한다는 것이다. 이 이론은 침략국이든 보복국이든 양편의 정치지도자들이 모두 냉철한 손익계산에 근거하여 국가의 행동을 결정한다는 합리적 결정론에 입각해있다. 그런데 실제로 독재 국가들은 그렇지 않을 가능성이 크기에 심각한 문제로 된다.

냉전 시기 미소 간에 전개된 핵 군비경쟁 기간 중에 억제이론은 몇 가지 단계를 거쳐서 발전하게 되었다. 미국이 소련에 비해 핵 우위superiority를 유지하고 있던 기간에 미국은 소련의 핵전쟁 도발을 막기 위해 대량보복전략을 견지했다. 그러나 1960년대 이후 미소 간의 핵 우위가 바뀌면서부터 미국은 소련의 핵공격으로부터 생존할 수 있는 핵무기를 개발하기 시작했다. 여기서부터 제1격first strike 능력과 제2격second strike 능력이라는 개념이 파생되었다. 다시 말해서 상대 방이 핵무기로 제1격 즉, 선제공격을 할 경우 반격을 감행할 능력인 제2격 능력이 필요하게 된 것이다. 미국은 주로 태평양, 인도양, 대서양에 배치된 우세한 해군력을 이용해 제2격 능력의 우세를 유지해 왔다. 동시에 거부적 억제와 보복적 억제라는 개념이 생겨났다. 첫째, 거부적 억제deterrence by denial 혹은 방위적 억제는 상대가 선제공격을 하더라도 패배 당할 가능성이 클 뿐만 아니라 승리하려면 더 큰 손실을 입을 각오를 해야 한다고 방어 측이 침략자에게 강요함으로써 억제를 달성하는 경우를 말한다. 거부적 억제력을 구성하는 군사적 수단은 침략국이 침략 목적을 달성할 확률이 높지 않도록 거부할 수 있는 핵 및 재래식 육·해·공군력을 포함한다.

둘째, 보복적 억제deterrence by punishment란 상대의 선제공격이 있을 경우 사후에 대규모의 보복을 강행하여 커다란 손실을 입힐 것이라는 것을 협박함으로써 공격을 자제하게 하도록 만드는 것이다. 보복적 억제는 공격 측보다 더 위력적이고 많은 핵전력을 보유해야 하며, 정책적 차원에서 반드시 반격할 의사가 존재해야 가능하게 된다. 즉 보복능력이 부족하거나, 보복의사가 없으면 보복적 억제가 성립될 수 없다는 점이다.

냉전 초기의 억제이론은 미국과 소련이라는 초강대국 간의 핵억제가 대종을 이루게 되었다. 그러나 미소 간의 냉전이 핵 교착상태에 빠지는 한편, 다른 한편으로는 제3국, 특히 제3세계 지역에 대한 영향력 경쟁으로 나타나면서 제3국에 대한 확장억제, 그리고 재래식 군비에 의한 억제 등으로 그 영역이 확대 되었다.

표 3-1　억제의 종류

	잠재적 공격 위험	현재적 공격 위험
자국이 보복공격하는 경우	일반·직접 억제	긴급 직접 억제
제3국이 보복공격하는 경우	일반 확장 억제	긴급 확장 억제

　억제이론은 적의 공격위험과 억제의 주체에 따라서 위의 <표 3-1>에서 보는 바와 같이 네 가지로 구분할 수 있다. 보복공격을 가하는 주체가 누구냐에 따라 직접억제와 확장억제가 구분된다. 공격을 직접 받은 국가가 직접 보복공격을 가함으로써 억제하는 것을 직접억제direct deterrence, 침략을 직접 받지 않은 국가가 침략당한 국가를 위해 보복공격하는 경우는 제3자 억제third-party deterrence 혹은 확장억제extended deterrence라고 부르기도 한다. 잠재적 공격 위협이 있을 경우에는 일반 억제, 공격위협이 현실적이고 긴박한 경우 긴급 억제라고 부른다. 이를 조합하면 4가지 경우의 억제개념이 생긴다. 일반·직접억제general direct deterrence는 평시에 자국이 적의 공격을 직접 억제하는 것으로 대부분의 국방태세가 이를 위한 것이다. 상호확증파괴MAD: Mutual Assured Destruction 개념에 의한 초강대국 간의 핵억제, 인도-파키스탄 간 핵억제, 남북한 간 재래식 억제 등이 여기에 속한다. 긴급·직접억제immediate direct deterrence는 적의 도발징후가 농후한 위기상황에서 자국이 직접 억제하는 것이다. 긴급·직접억제의 사례는 1962년 10월 쿠바에 반입된 미사일의 사용 및 추가반입을 막기 위해서 미국의 케네디 대통령이 전면적 핵전쟁을 협박했던 쿠바 미사일 위기에서 찾아볼 수 있다. 일반·확장억제general extended deterrence는 평시에 제3국이 동맹국에 대한 적의 공격을 억제하는 것을 말하는 것으로서 동맹의 형성, 방위공약, 동맹국 내 군대주둔 등을 통해 이루어진다. 미국이 평시 동맹국인 한국에 대한 북한의 대남공격을 억제하기 위한 것들로는 한미동맹 유지, 미국의 대한국 방위공약 재

확인, 주한미군의 주둔 유지, 전진배치, 전략자산 순환배치 등이 있다. 미국의 한국에 대한 핵우산 제공 공약은 러시아, 중국, 북한 등이 한국을 핵으로 공격할 경우 그 나라에 직접적인 핵보복을 하겠다는 공약으로 한편으로는 한국을 보호하고 한편으로는 한국의 핵개발 의지를 통제하는 의미가 있다. 마지막으로 긴급·확장억제immediate extended deterrence는 위기 시 제3국이 동맹국을 보호하기위한 억제의 표현이다. 1996년 3월 대만총통선거를 앞두고 중국은 대만독립주의자인 천수이벤 후보를 견제하기 위해 대만해협에 대해 미사일을 발사하고 대규모 군사훈련을 시행했다. 이러한 위기상황에서 제3국인 미국은 항공모함을 그 해역에 파견함으로써 있을지 모를 중국의 대만 침공을 억제했다. 역사적으로 비핵보유국들을 위한 핵보유국들의 핵억제력 제공은 두 가지 경우에 가능하게 되었다.

첫째는 핵보유국들이 비핵보유국들과의 안보동맹을 통해서 확장억제를 제공하게 된 것이다. 북대서양조약기구NATO의 회원국들에 대한 미국의 핵억제력 제공, 한미상호방위조약에 근거한 한국에 대한 미국의 핵억제보장, 미일상호방위조약에 의한 일본에 대한 핵억제력의 제공 등을 예로 들 수 있다. 동시에 핵보유국들은 비핵국인 동시에 동맹국인 국가들의 안보를 보장해 주는 조건으로 핵무기 개발을 하지 않도록 하는 방법으로서 핵우산nuclear umbrella을 보장하여 왔다. 특히 미국은 동맹국들에게 핵우산 보장을 명시함으로써 핵무기를 사용해서라도 안보를 보장해 주는 조건으로 동맹국들의 핵확산을 막아 왔다. 미국이 한국과 일본에게 '핵우산'을 제공한다는 것은 곧 가상적국이 이들 국가에 대해 핵공격을 가할 경우 미국은 그 국가에 대해 핵보복을 가한다고 위협함으로써 이들 동맹국가에 대해 핵공격을 하지 못하게 억제시켜 온 것이었다.

1960년대부터 1980년대 사이에는 미국이 나토동맹국들에 대한 확장억제전략을 통해 유럽에서 핵전쟁을 성공적으로 억제했다. 냉전시기 미국은 만약 소련이 재래식 전력의 우세를 활용해서 서독을 기습 공격할 경우에 초반의 열세를 만회하기 위해 태평양에서 우세한 해군력을 사용해서 소련의 극동지역에 핵 보복 공격을 가함으로써 제2의 전선을 열어 보복적 억제력을 구사한다는 전략을 가지고 있었던 것으로 알려졌다. 1960년대 미국의 케네디 행정부는 유럽에서 대량보복전략과 함께 재래식 억제를 강조하는 유연반응전략을 구사했던 것으로 알려지기도 했다.

미국과 영국이 기여한 나토의 핵전력은 나토국가에 대해 소련이 침략할 경우 미국/영국과 나토국가들의 보복공격으로 소련이 입을 위험과 피해가 엄청나서 소련이 결코 침략을 할 수 없을 것이라는 것을 상기시키는 역할을 해왔다.

둘째는 핵확산금지조약NPT의 출범 당시, UN안전보장이사회 상임이사국이자 핵보유국인 미·소·영·불·중 5개국이 NPT의 회원국인 동시에 비핵보유국으로서의 비핵의무를 지키는 국가들에게 '핵보유국으로부터 핵공격을 받을 경우, 나머지 핵보유국이 피침략국을 위해 핵무기를 사용해서라도 안전을 보장하겠다'는 적극적 안전보장positive security assurance을 채택하게 되었는데 이것이 일반적인 핵억제의 역할을 하게 되었다. 이것은 핵확산을 막기 위한 조치로서 채택되었지만, 군사안보적 차원에서 전쟁억제에는 큰 역할을 하지 못했던 것으로 알려져 있으며, 핵확산 노력 국가의 핵무기 개발 프로그램을 막는 데에도 효과적인 역할을 제대로 하지 못한 것으로 볼 수 있다.

세계적 규모의 냉전 종식과 함께, 미국을 비롯한 핵보유국의 억제전략이 변화를 거듭해 왔다. 냉전 종식 후 유럽에서는 소련이 해체되고 미국과 러시아 간에 전략핵무기 감축이 획기적인 진전을 가져

왔다. 소련과 바르샤바조약기구 국가들로부터 안보위협이 사라진 유럽에서는 미국의 핵전력에 의존할 필요성이 감소되었다. 또한 영국과 프랑스의 핵보유의 정당성이 감소되자 이 두 나라들은 핵전력의 현대화 사업을 일방적으로 취소하였다.

한편, 냉전기 미국이 남한의 영토 안에 전술핵무기를 배치함으로써 핵무기로써 북한의 침략을 억제하겠다는 정책의지도 있었다고할 수 있지만, 한미동맹에 근거한 주한미군의 전방배치에 의한 재래식억제를 통해서 이루어진 면도 있다. 한미상호방위조약에는 "타 당사국에 대한 태평양지역에 있어서의 무력공격을 자국의 평화와 안전을 위태롭게 하는 것이라고 인정하고 공통된 위협에 대처하기 위하여 각자의 헌법상의 절차에 따라 행동한다"라고 규정되어 있어 북한의 선제도발시 미국이 한국안보를 보장하기 위해 즉각 개입하는지 여부가 문제시 되었다.

즉, 한반도 유사시에 미군이 즉각 대규모로 개입할 것인가가 북한에 대한 제일 중요한 억제요소였는데, 미국의 자동개입을 보장하기위해 주한미군을 휴전선 가까운 최전방에 배치시킨 것이었다. 이것을 인계철선tripwire이라고 불렀다. 또한, 한미 양국은 1968년부터 매년 한미 국방장관회담한미 연례안보협의회의, SCM: Security Consultative Meeting을 개최하여 북한의 위협을 공동으로 평가하고 북한과의 군사력 균형을 유지하며 북한의 무력 공격시 즉각적이고 효율적인 지원을 제공함으로써 북한의 침략을 억제하고 한국의 안보를 보장하겠다는공약을 재확인해왔다. 그리고 1978년부터 한미 양국은 연합군사령부를 만들어서 한미연합군사령관으로 하여금 한국방어와 서울방어의 책임을 맡게 함으로써 북한의 남침을 억제시키는 역할을 해왔던 것이다.

탈냉전 후 한미양국은 변화하는 세계정세에 대비하여 한반도 유사시에 미국이 한반도에 증원할 수 있는 군의 규모를 한국의 국방백서에 명시함으로써 북한에 대한 재래식 억제전략을 분명하게 했다. 그 내용을 보면 "유사시 미국은 육·해·공군 및 해병대를 포함한 병력 약 69만 명, 함정 160여 척, 항공기 2,000여 대를 한반도에 전개시켜 한국을 방위한다"고 되어있는데 미국의 전시증원전략은 북한의 침략을 억제하는 중요한 수단이 되어왔다. 이것은 미국의 한반도 방위에 대한 공약이 분명한 것임을 말해주고 있는 것이다.

탈냉전기 미국의 억제 및 맞춤형 억제전략의 대두

탈냉전기에 미국의 핵전략은 변하게 된다. 미국의 부시행정부는 2002년 1월에 신핵태세보고서Nuclear Posture Review를 출간하고, 과거의 3각체제를 변경시킨 신3각체제에 의해 전쟁 억제력을 강화하겠다고 발표했다. 지역적 수준에서 대량살상무기의 확산이 일어나게 되자, 이들 대량살상무기 확산 국가를 불량국가rogue states라고 규정짓고 이들 불량국가들은 미국이 보유한 기존의 핵무기로 억제하기 힘든 국가들로 보았다. 이 불량국가들이 핵보유를 하게 되면, 실제 전쟁에서 위협과 사용가능성이 높아져서 세계질서는 더욱 불안해질 것으로 본 것이다. 특히 2001년 9.11 테러 이후 미국은 테러세력이 핵무기를 손에 넣고 핵무기를 사용할 경우 억제가 불가능하기 때문에 세계는 대재앙을 겪게 될지도 모른다고 예상하였다. 그런데 테러세력의 핵무기 사용은 불량국가들의 핵무기 사용보다 더 억제하기 힘들다고 보고 있는데 이에는 다섯 가지 이유가 있다.

첫째, 미국이 보복공격을 행할 대상이 누군지, 대상이 어디에 있는지 표적 식별이 곤란하다는 것이다. 둘째, 핵공격을 감행한 테러세력이 어디에 있는지 식별하는 데 장시간이 소요되어 실제로 반격 결정을 했을 때 국제여론 등이 달라져서 핵으로 보복하기 어렵다는 것이다. 셋째, 테러세력과 주권국가를 동일시하기 힘들기 때문에 어떤 국가에 대해 보복하기 곤란하다. 넷째, 민간인들에 대한 피해가 극심해서 선뜻 보복결정을 못한다는 것이다. 다섯째, 테러세력들은 보복국가가 핵보복공격 위협을 하면 그들의 행동을 억제하기보다 오히려 핵전쟁으로의 확전을 더 바랄지 모른다는 것이다. 이것은 전통적인 억제논리가 전혀 작동하고 있지 않다는 것을 보여주고 있다. 따라서 미국은 테러세력의 핵공격을 기다리기 보다는 징후가 농후할 때 예방공격 혹은 선제공격을 감행하는 것이 낫다는 논리를 내세웠다. 2010년 NPR에서도 핵사용은 핵보유국만을 상대로 할 것이며 비핵보유국은 설사 생화학 무기나 사이버 공격으로 미국을 마비시키는 한이 있어도 이들이 핵확산방지조약을 준수하는 한 이들에게 핵을 사용하지 않겠다고 선언했지만, 비핵국가라 하더라도 북한이나 이란처럼 NPT를 준수하지 않는 국외자outliers들은 예외로 한다고 강조했다.

아울러 미국은 기존의 핵억제전략을 신3각 체제triad로 보완하고 강화할 필요성을 강조하고 있다. 첫째, 미국은 핵 및 비핵을 사용한 공격능력을 강화하겠다고 발표했다. 기 배치된 핵전력 중 전략핵탄두를 2/3이상 감축시키는 한편 불량국가를 포함한 테러세력들에 대한 소형 핵무기 개발을 추진하고, 벙커버스터 및 장거리 정밀폭격미사일, 토마호크 등 순항미사일을 개발·배치하는 등 재래식 공격 능력을 첨단화시킨다는 것이다. 아울러 1991년 걸프전 이후 대두된 이라크, 이란, 리비아, 북한 등의 화생무기 공격 가능성에 대해서 억제와 보복 수단으로서 핵무기 사용 옵션을 보유하겠다고 천명했다.

둘째, 미국은 불량국가들과 테러세력에 대해 적극방어active defense 능력을 강화시키겠다고 했다. 소위 불량국가들과 테러세력들의 핵무기 사용가능성을 억제하기가 어려워짐에 따라 미사일 방어체제의 개발을 정당화 시켰다. 따라서 미국은 미사일 방어체제를 배치함으로써 적이 공격할 경우 손실을 최소화시키겠다고 하였다. 아울러 제공권 장악을 위한 공중방어능력을 증강시킨다는 방침도 발표하였다.

셋째, 대량살상무기 사용가능성에 대한 대응구조를 강화시킨다는 방침을 발표했다. 핵무기 이외에 MD, 비핵공격능력, C4ISR 및 대응 군사인프라 구축을 통합함으로써 억제전략을 구사하는 수단을 강화시킨다는 것이다. 아울러 미국의 전략사령부가 미사일 방어체제 및 세계적 공격능력에 대한 지휘통제를 하고, 우주무기를 지속적으로 개발해 나간다는 것이다.

실제로 미국의 국방부는 2006년에 각각 발간한 4개년 국방검토보고서QDR에서 테러세력을 비롯한 북한·이란·이라크 등의 소위 '악의 축' 국가들에 대해서 맞춤형억제전략tailored deterrence strategy 개념을 제시하였다. 이 맞춤형억제개념은 과거에 소련의 핵위협에 대해 한 가지 억제전략을 가지고 억제를 하던 것에서 억제의 대상을 세 가지로 분류하고, 각각 그 대상에 맞춘 세부적인 억제전략개념을 제시한 것이다. 그 대상은 첫째, 러시아나 중국 같은 선진화된 군사적 경쟁국들, 둘째, 북한, 이라크, 이란 같은 지역차원의 대량살상 무기 확산 국가들, 셋째, 테러리스트 네트워크 등으로 분류된다. 그리고 맞춤형억제전략의 내용으로서 위에서 설명한 세 가지 신3각 체제를 강조한 것이다. 그러나 맞춤형억제가 성공하기 위해서는 미국의 군사능력을 맞춤식으로 개발해야 하고, 미국의 보복의지를 명확하게 전달해야 하며, 잠재적 침략자들이 미국의 대량보복에 관한 메시지를 신뢰성 있게 받아들여야 하는 것이다.

여기에서 다섯 가지 딜레마가 발생한다. 첫째, 보복공격을 할 수 있는 군사능력은 이제 핵능력에만 국한되는 것이 아니라 재래식 첨단 장거리 정밀폭격능력도 포함되는데 이 중 어느 것이 맞춤형억제

능력이 되느냐가 관심거리다. 둘째, 미국의 보복의지를 명확하게 전달할 수 있는 대상이 존재하는가 하는 문제이다. 앞에서 지적한 바와 같이 테러 네트워크일 경우 대부분 숨어있으므로 보복의지가 전달될 대상의 판별이 쉽지 않다는 문제점이 있다. 셋째, 잠재적 침략국의 지도자가 미국의 보복의지를 잘 읽고 신뢰성 있게 받아들여야 하는데, 선군정치와 독재정치에 익숙한 불량국가의 지도자들은 미국과의 벼랑 끝 외교에 능통해서 미국의 보복의지를 일부러 무시할 수 있다는 것이 약점이다. 넷째, 미국의 선제공격 논리는 북한 같은 경우에 오히려 부작용을 초래하였기 때문에 선제공격 논리를 마음대로 적용할 수 없다. 미국의 이라크 공격을 본 북한은 핵무기 없이는 미국의 선제공격을 억제할 수 없다고 보고 핵무기 개발을 더욱 서둘렀던 것이다. 따라서 미국의 선제공격 논리는 경우에 따라 핵무기 개발과 사용을 효과적으로 억제할 수 없다는 문제가 있다. 다섯째, 미국이 핵무기로 확장억제를 시도할 경우 동맹국의 국내에서 미국의 핵사용 반대여론이 일어날 가능성이 있다는 것이다. 미국의 맞춤형 억제가 억제를 위한 만병통치약이 아니라, 구체적인 전략상황에 비추어 어떻게 적용될 수 있는 지를 생각해 보아야 한다. 따라서 한반도에서 맞춤형 억제전략이 적용되기 위해서는 북한의 핵개발 동기, 핵사용 가능성에 대한 시나리오, 그 대응방안 등을 종합적으로 검토해 보아야 할 필요가 있다.

미국의 북한 핵 억제 방법

북한의 핵위협이 계속 증가함에 따라, 미국의 한국에 대한 핵억제력 제공과 미국의 핵억제전략이 더 강화될 수밖에 없다. 미국의 한국에 대한 핵억제력을 강화시키기 위한 방법은 무엇일까? 아래 <표 3-2>에서 북한의 핵미사일 도발과 미국의 억제력 강화에 관한 대응의 일정표를 보여 주고 있다.

표 3-2	북한의 핵미사일 도발과 미국의 억제력 강화 조치에 관한 일정표	
시기	북한의 도발 행동	미국의 억제력 강화 조치
1993.1~ 1994.10.21	제1차 핵위기~ 북미 제네바합의	• 미국이 북한에게 소극적 핵안보 보장 약속 • 한국에 대한 핵우산 보장
2006.10.9	북한 제1차 핵실험, 자위적 핵억제력 보유 과시	• 2006.11. 미국의 "핵우산을 포함한 확장 억제력 제공"을 한국에게 약속
2009.5.25	북한 제2차 핵실험	• 한국의 PSI 가입 • 2009년 10월, 미국의 "핵우산, 재래식 타격 능력 및 MD 포함, 모든 범주의 군사능력 을 운용하는 확장억제력을 한국에게 제공" 약속 • 한미확장억제정책위원회 출범
2013.2.12	북한 제3차 핵실험, 미국본토 공격 위협	• 2013년 10월, 미국의 "핵우산, 재래식 타격 능력 및 MD 포함, 모든 범주의 군사능력을 운용하는 확장억제력을 한국에게 제공" 약속 • 북한의 미사일 위협에 대한 탐지, 방어, 교란, 파괴라는 북한 미사일 대응 전략 공동 발전 합의
2014	북한 미사일 시험	• 위와 동일 • 한국은 독자적 북핵 미사일 대응위해 kill- chain, KAMD 발전 약속
2016년 1월, 9월	북한, 제4, 5차 핵실험 북한, 공격적 핵협박 시사	• 확장 억제 공약 동일 • 한미 억제전략공동위원회 출범 • 미국 전략자산 순환배치 • THAAD 필요성 합의
2017년 8월, 9월	북한, 괌 미군기지 공격협박 북한, 제6차 수소탄 실험	• 확장억제 공약 동일 • 2017 10월, 미국, 북한의 핵개발 계속시 북한 종말 협박 • 한미 확장억제전략협의체(EDSCG)의 정례화

첫째, 북한의 핵위협을 억제하고 강력하게 대응하기 위해서는 미국의 한국에 대한 핵억제전략을 강화시키는 것이 필요하다. 보복적 억제뿐만 아니라 거부적 억제를 더욱 강화시켜야 할 것이다. 보복적 억제는 미국의 핵우산 보장을 보다 더 강화시킨 안전보장이 필요하다. 2006년 10월 북한이 제1차 핵실험을 강행하자, 11월 20일 미국 워싱턴에서 개최된 제38차 한미연례안보협의회의SCM에서 "한미 양국의 국방장관은 북한의 핵무기가 한반도의 안정과 국제평화, 그리고 국제안보에 대한 명백한 위협임을 지적하고, 북한이 긴장을 악화시키는 추가적인 행위를 중단할 것을 촉구"하는 한편, "미국은 한국에게 핵우산을 통한 확장억제extended deterrence의 지속적인 제공을 약속함과 아울러 한국에 대한 신속한 안보지원제공을 약속"하였다.

2006년의 한미 간 합의사항은, 미국이 1978년부터 매년 한국방어에 대한 공약과 핵우산의 지속적인 제공을 약속해 왔던 데서 한발 더 나아가 한국에 대한 핵우산을 통한 "확장억제"를 첨가한 것이다. 과거 1958년부터 남한에 배치한 전술핵무기를 통해 미국은 한국에 대한 핵우산 제공과 확장억제력을 제공해 왔다. 그러나 1991년 12월에 미국이 남한으로부터 전술핵무기를 모두 철수한 이후에 한반도에서는 미국의 재래식 억제력에 의존할 수밖에 없었다. 북한이 핵무기를 보유하기 전인 1990년대 초반에는 한미 연합 억제력과 미국의 첨단 재래식 억제력만으로도 한반도의 평화를 유지할 수 있었다. 그러나 북한의 핵위협이 가시화된 상황에서, 미국의 재래식 억제력과 한반도에서 핵무기가 뒷받침되지 않은 핵우산 제공 약속만으로는 미국의 보복적 억제의지가 북한에게 충분한 경고로 작용하지 않을 수도 있다. 따라서 미국정부가 핵우산을 통한 확장억제 제공을 약속한 것은 시의적절하다. 하지만 미국의 확장억제 약속을 보다 심화시킬 수 있는 방법에 대한 논의가 추가적으로 필요하였다.

2009년 5월 북한이 제2차 핵실험을 실시하자, 2009년 10월에 개최된 제42차 한미안보협의회에서는 한걸음 더 나아가, 미국의 확장억제력 제공을 더 세부적으로 규정했다. 미국은 "핵우산, 재래식 타격능력 및 미사일방어체계 능력MD을 포함, 모든 범주의 군사능력을 운용하는 확장억제력을 한국에게 제공"하기로 약속했으며, 2010년에는 미국의 확장억제정책을 한반도에서 구체화하기 위해 한미 확장억제정책위원회를 설치하기로 합의했다. 왜냐하면 북한의 제2차 핵실험이 성공했고, 북한의 핵위협이 현실적인 문제로 다가왔기 때문에, 종래의 미국의 확장억제력 제공을 더 구체화시킬 필요성이 있었다.

그래서 "핵우산"에다가 미국의 "재래식 타격능력과 미사일방어체계 능력"을 포함시키게 되었다. 이것은 오바마 대통령 시대에 전 세계적으로는 핵무기 없는 세계를 지향하면서 핵무기를 사용하지 않고도 첨단 재래식 타격능력과 미사일방어체계 능력으로 상대방을 억제하겠다고 했지만, 북한 같은 신흥 핵 및 미사일 위협국에게는 즉, 한미동맹 차원에서는 핵무기 사용도 포함한 모든 범주의 군사능력을 운용하여 한국의 안보를 책임지겠다는 미국의 의지를 분명히 나타내고자 한 것이다.

2013년 2월에 북한이 제3차 핵실험에 성공하자, 북한의 핵위협은 더욱 커지게 되었다. 미국은 3월의 한미 키리졸브/폴이글 연합 훈련 때에 전략자산을 한국에 전개하여 북한의 핵협박과 도발에 대해 경고를 보내었다. 한국에 대한 확장억제력 제공을 현시함으로써 북한 핵도발을 억제하려는 것이 그 목적이었다. 그해 10월 한미연례안보협의회의에서 미국은 "핵우산, 재래식 타격능력, 미사일 방어 능력을 포함한 모든 범주의 군사능력을 운용하여 한국에게 확장 억제를 제공하고 강화할 것"이라고 재확인 했다. 또한 한미 양국은 북한 핵·WMD 위협에 대한 억제방안을 향상시키기 위해 한미 확장억제

위원회가 연구한 「북한 핵·WMD 위협에 대비한 맞춤형 억제 전략」을 공식적으로 승인하기도 했다. 한미 양국의 국방장관은 북한의 미사일 위협에 대한 탐지detection, 방어defense, 교란disruption 및 파괴destruction를 위해서 동맹의 미사일 대응전략을 발전시켜 나가기로 합의했으며, 한국은 사상 처음으로 신뢰성과 상호운용성이 있는 북한 미사일 대응능력을 지속적으로 구축할 것과 한국형 미사일 방어체계KAMD를 발전시켜 나갈 것임을 약속하였다.

2014년에도 한미 간에 유사한 합의가 계속된다. 미국은 핵우산, 재래식 타격능력, 미사일 방어능력을 포함한 모든 범주의 군사능력을 운용하여 한국에 대해 확장억제를 제공하고 강화할 것이라고 밝혔다. 그리고 양국은 "맞춤형 억제전략을 구체화 하였다. 아울러 한국이 북한의 핵·미사일 위협에 대응하는 데 있어 독자적이고 핵심적인 군사능력이며 동맹의 체계와 상호 운용 가능한 Kill-Chain이란 개념을 처음 밝히고 이를 발전시킬 뿐만 아니라 한국형 미사일 방어체계KAMD를 2020년대 중반까지 발전시켜 나갈 것임을 밝혔다.

2016년에도 미국은 "핵우산, 재래식 타격능력, 미사일 방어능력을 포함한 모든 범주의 군사능력을 운용하여 한국에 대해 확장억제를 제공하고 강화할 것"이라고 약속함으로써 한국에 방위공약을 재확인하였다. 그리고 사상 처음으로 북한에 대해 강력한 경고를 덧붙였다. "미국 또는 한국에 대한 그 어떤 공격도 격퇴될 것이며 그 어떤 핵무기 사용의 경우에도 효과적이고 압도적인 대응에 직면하게 될 것"이라고. 이것은 북한이 핵무기를 사용했을 경우에 북한 체제의 종말을 각오하라는 경고로서 북한의 핵사용을 원천적으로 억제하려는 의도에서 나온 것으로 해석될 수 있다. 또한 한미 양국은 연례안보협의회의에서 "전증하는 북한의 탄도미사일 위협에 대한 동맹의 미사일 대응능력과 태세를 강화시키기 위해 4D 작전개념 이행지침을 서명하고, 관련 정책과 절차를 지속 발전시켜 나가기로 합의하였다. 아울러 북한의 핵미사일 위협으로부터 고고도 방어를 할 수 있는 사드THAAD: 고고도미사일방어체계의 필요성을 인정하고 한국에 배치 조치를 취하기로 한미 간에 합의하였다. 사드의 한국 내 배치는 군사적 효용성에도 불구하고 중국의 문제제기와 국내의 정치적, 사회적 논란을 초래하기도 했다.

2017년에는 북한의 제6차 핵실험 및 대륙간탄도탄 실험에 강력하게 대응할 필요성에서 미국은 "미국 및 한국에 대한 북한의 어떤 공격도 격퇴될 것이며, 핵무기 공격의 경우에도 미국의 효과적이고도 압도적인 대응에 직면하게 될 것"이라고 하면서 한국에 대해 "미국의 핵우산, 재래식 타격능력, 미사일 방어능력을 포함한 모든 범주의 군사능력을 운용하여 한국에게 확장억제를 제공하고 강화할 것"이라는 미국의 공약을 재확인하였다.

특히 2017년 8월, 북한의 괌 미군기지 공격 발언이 알려지자, 트럼프 미국 행정부는 북한이 미국 본토나 해외 미군지지를 공격할 경우에 북한 김정은 체제는 종말을 맞을 것이라고 하면서, 유엔총회에서 "북한이 무모한 핵과 미사일 시험을 멈추지 않는다면, 미국이 군사적 옵션을 사용할 것이고 이때에 북한은 파멸로 이르게 될 것이다"라고 연설하였다. 이로써 한반도에서 북미간 군사적 충돌 가능성이 높아졌고, 세계에서는 전쟁 위기가 한반도에 도래했다고 인식하였다. 그 후에 북한은 미국이 먼저 파멸하게 될 것이라고 대응하며 말대 말로 하는 긴장이 최고조에 이르렀다.

미국의 트럼프 행정부는 북핵에 대해 전략적 인내를 견지해 왔던 오바마 행정부의 대북한 정책은 완전히 실패했으며, 남은 것은 도발적이고 모험적인 김정은 정권으로부터 최대한 압박과 관여를 통해 북한이 비핵화를 선택하도록 군사적 옵션을 포함한 모든 수단을 다

사용함으로써 북한으로부터 핵무기를 빼앗거나, 스스로 굴복하게 하여 핵을 폐기하도록 하겠다고 선언했다. 따라서 군사적 옵션을 신중하게 고려하고 있는 것으로 알려지고 있다. 그러나 미국 내에서도 북한에 대한 군사적 공격은 북한의 남한에 대한 보복 공격으로 인해 한반도 내에서 엄청난 피해와 함께 큰 재앙적 결과를 초래할 수 있으므로 군사적 옵션 사용에 반대하는 여론이 만만치 않다. 한국 내에서도 미국의 무력사용 가능성에 반대하는 여론이 높다.

그래서 미국 정부는 만약 북한에 대해 미국이 군사적 옵션을 사용할 경우, 북한이 남한에 대해 보복공격을 전혀 못하게 할 수 있는 옵션을 신중하게 고려하고 있는 듯이 보인다. 한편 미국 정부는 북한에게 군사적 옵션의 사용가능성을 보여주어야 북한이 대화를 통한 비핵화를 선택할 가능성이 높다고 생각하고, 북한도 일촉즉발의 위기에 가서야 핵무기냐 비핵화냐 둘 중 하나를 선택할 가능성이 높기 때문에, 북미간에 군사적 충돌에 이르기 직전에 어떻게 위기를 해소할 것인지에 대해 신중하게 고려하고 있는 것으로 보인다.

한편, 아무리 미국이 한국에 대해 확장억제력을 확실하게 보장하고, 북한의 핵사용 가능성을 막는다고 하더라도 확장억제력 강화 자체가 북한의 핵 및 미사일 능력의 강화를 근원적으로 막을 수는 없다. 앞에서 지적한 바와 같이, 확장억제란 북한이 핵무기를 사용하지 못하도록 보복억제력을 보여주는 것이고, 실제로 미국의 확장억제력 강화 약속은 북한이 핵과 미사일을 실험 및 시험발사하고 난후 조치를 취하는 것이기에 근본적으로 수동적이며 일이 발생하고 난후에 조치하는 것이다. 따라서 미국의 확장억제력 강화에만 매달리고 있으면 안된다. 북한의 핵과 미사일 개발은 계속 될 것이기 때문이다.

둘째, 북한의 핵무기와 대륙간탄도탄 미사일이 미국을 직접 거냥

하고, 김정은이 미국을 협박하고 있는 상황에서 주한미군이 전술핵 무기를 남한에 재반입해야 한다는 요구가 증가하고 있다. 주한미군의 전술핵무기 재반입 주장은 2013년 2월 북한의 제3차 핵실험 직후에 일어나기 시작했으며, 2016년 북한의 제4차, 제5차 핵실험을 겪으면서 또한 2017년 미국 트럼프 공화당 행정부의 등장과 함께 더욱 힘을 받았다.

주한미군의 전술핵무기 재반입 주장은 핵무기가 없는 한국에게 북한핵을 대응할 수 있는 가장 효과적인 수단이다. 그러나 지금의 국제적 현실과 남북한의 상황을 보면 전술핵 재반입 주장에 대해서 찬반론이 거의 대등할 정도로 격론이 이루어지고 있다.

찬성론은 네 가지로 요약될 수 있다. 첫째, 주한미군이 전술핵무기를 재반입하면, 한반도에서 남북한 간에 핵무기의 균형을 이룰 수 있다. 공포의 균형은 어느 쪽도 핵무기를 사용할 수 없게 만들 수 있다. 둘째, 북미 협상이 재개되면 주한미군의 전술핵 감축과 북한의 핵무기 감축을 동시에 진행할 수 있는 핵군축 협상용으로 사용될 수 있다. 셋째, 한국의 독자적 핵개발 동기를 억제하고 한국 국민의 안보불안을 잠재울 수 있다. 넷째, 한국에 대한 미국의 확장억제 공약을 확실하게 보장할 수 있고, 한국 국민의 북한핵에 대한 공포를 줄일 수 있다.

그러나 반대론도 만만치 않은데 세 가지로 요약될 수 있다. 첫째, 미국의 전술핵무기의 남한 내 재배치는 한반도 비핵화에 대한 위반이며, 북한핵을 기정사실화 시키고 북한의 핵보유를 사실상 수용하는 것이다. 둘째, 북한이 격렬히 반대할 것이고, 유사시 북한의 공격 표적이 될 수 있다. 그러면 한반도 위기시 불안정성이 커질 것이다. 중국과 러시아가 반대할 것이다. 한국의 시민사회가 반대할 것이다. 셋째, 사드THAAD의 한국 배치를 둘러싸고 전개되었던 한국 시민사회의 사드관련 모든 사항 공개 및 반대활동이 미국의 전술핵무기 재반입 시에 재개될 것이고, 이것은 미국의 핵관련 NCND정책과 배치되므로 미국이 원하지 않을 것이다. 그럴 경우 한미간 불협화음이 커져서 한미동맹에 해로울 것이다.

이상의 찬반론을 비교해 볼 때, 주한미군의 전술핵무기 재반입은 문제점이 장점보다 더 크다고 생각된다. 따라서 한미 양국 정부 간에는 필요시 미국이 전략자산을 한국에 순환적으로 전개함으로써 전술핵 반입 못지않은 효과를 노리는 것으로 보인다.

셋째, 북한의 핵위협 증가와 더불어 미국의 한국에 대한 확장억제에 대한 신뢰성 문제가 제기되기 시작했고 이러한 신뢰를 증가시키기 위해 획기적인 조치가 필요하게 되었다. 북한이 대륙간탄도탄에 수소탄 혹은 원자탄 핵탄두를 장착하여 실전배치하여 미국 본토를 공격하겠다고 협박하면서 한미동맹을 폐기하고 한반도로부터 미국이 떠나라고 위협하는 경우에, 미국이 뉴욕이나 로스앤젤레스를 희생하면서까지 한국을 사수하려고 할 것인가에 대한 신뢰성 문제가 생기기 시작한 것이다.

냉전시기에 미국이 서독을 보호하기 위해서 뉴욕이나 로스앤젤레스의 희생을 각오할 것인가에 대해 논쟁이 일었던 경우와 비슷하다. 이때에 미국은 서독의 안보보장에 대한 신뢰성을 증진시키기 위해서 세 가지 조치를 취하였다. 첫째, 서독에 미국의 전술핵무기를 배치하고 그 능력을 증강시켰다. 둘째, 서독은 억제 실패로 유럽에서 전쟁이 발발할 경우 반드시 미국이 핵무기를 사용할 것이라고 예상하고, 미국 및 영국과 함께 나토 차원에서 핵무기 전략기획, 작전독트린, 전력구성, 표적 선정 등 모든 면에서 미국과 공동으로 협의하는 체계를 갖추었다. 셋째 이중키double key, 이중 목적 항공기 사용과 같은 핵공유체제를 발전시킴으로써 미국의 핵안보공약의 실행의지를 확실하게 보장받고자 했다.

어떻게 한국에서도 이와 유사한 조치를 가능하게 만들 것인가? 북한의 핵위협이 현실화된 상황에서 한국은 미국과 함께 북한이 핵을 어디에, 어떻게 사용할 것인가에 대한 각종 시나리오를 개발하고 미국의 핵무기의 사용시기, 사용전력, 공격표적 등이 포함된 전략과 작전 지침을 미국과 서로 협의해 나가야 할 것이다. 이를 통하여 북한이 핵무기를 사용할 경우 미국의 핵전력과 생존한 한국의 재래식 전력을 어떻게 연계할 것인가에 대한 군사적 수준의 연구가 이루어지고, 한·미 연합 핵작선 수행 시 각자의 역할 정립 및 공동 교범 제작, 핵공유 방침도 병행하여 수립되어야 할 것이다. 그리고 이러한 한미간의 핵공유 체제는 지금보다 더 확실한 한미동맹 체제 속에서 가능하다는 점을 유념할 필요가 있다. 또한 이러한 핵공유체제가 북한에게 어떠한 억제효과를 거둘 수 있을지에 대한 한미 양국의 심도깊은 토론도 필요할 것이다.

넷째, 한미양국은 미국과 일본 사이에 그러했듯이 미사일 방어체계와 방공능력을 강화시켜 적극방어 능력을 향상시켜 가야할 필요가 있다. 북한의 대량살상무기와 미사일이 현실적인 위협으로 대두된 지금, 1999년도에 한국이 채택했던 전구미사일 방어체제 무용론 및 불가론은 재검토될 필요가 있다. 1999년 당시에 한국에서 전개되었던 미사일방어체제 논쟁은 미사일방어체제에 드는 천문학적 비용, 불확실한 기술개발, 휴전선에서 가까운 수도 서울, 지역 군비경쟁 촉발 가능성 등을 이유로 한국은 미사일 방어체제 구축에 불참하는 것으로 결론지었다. 그러나 북한의 핵위협이 현실로 등장한 상황에서 미국의 맞춤형 억제전략에 부응하여, 미국은 사드체계를 비롯한 미사일방어능력을 한반도 방위에 활용할 필요가 있다고 보았으며 한미 양국 정부는 2016년에 그런 방향으로 협의를 진행했다.

주한미군의 사드배치를 둘러싸고 한국의 국내에서, 한국과 중국 간에, 한미 간에 많은 논란과 불협화음이 발생하였다. 특히 중국은 사드체계의 레이더의 탐지 목적과 유효 거리를 둘러싸고 "사드의 레이더가 중국의 핵심안보이익을 침해하며, 한미일 3국간 대중국 미사일방어체계 협력체제를 구축하려는 의도는 수용할 수 없다"라고 하면서 한국에게 포기할 것을 압박한 적이 있다. 한중 간에 여러 가지 과정을 거쳐서 문재인 정부에서 한국은 신3불정책한국은 미국의 미사일방어체계에 편입되지 않고, 더 이상의 사드 배치는 안 되며, 한미일 군사동맹은 안된다에 의견을 같이 한다고 하면서 한중간의 갈등을 잠재웠다. 하지만 이미 배치한 미국의 사드 1개 포대와 그 활용은 어떻게 할 것인지에 대해 많은 난제가 남아 있다.

한국은 독자적인 고고도 미사일 방어체계 능력이 없고, 저고도와 중고도 미사일 방어를 위해 킬체인을 개발하고 있는 실정이다. 미국의 맞춤형 억제전략 속에는 미국의 사드체계 및 미사일방어능력을 활용하는 것이 반영되어 있다. 사드체계와 관련하여 미중간 및 한중 간에 고위전략대화를 계속 실행해 나가야 되는 이유이다. 먼저 미국이 중국과 전략대화를 통해 사드체계에 대한 상호 간의 불신을 해소하고, 특히 사드체계의 레이더시스템에 대해 투명성과 신뢰성을 제고할 수 있는 방안을 찾아가야 할 것이다. 한국은 장기적으로 미사일방어능력을 개발하고 발전시켜 나가야 할 것으로 보인다.

한국의 독자적 북한 핵에 대한 억제 조치

한국의 독자적 핵무장론에 대한 토론

북한의 핵공격 협박과 핵무기의 위협이 현실로 된 상황에서 한국의 국내에서는 우리 독자적으로 북한에 대한 억제정책과 핵무기를 갖추어야 한다는 자각이 일어나기 시작했다. 북한의 핵무기에 대해서 한국도 핵무장해야 한다는 여론도 만만치 않다. 물론 한국의 독자적 핵무장 필요에 대한 국내 여론은 변화를 거듭해 왔다.

1993년 제1차 핵위기 이후부터 한국의 국내 핵무장에 관한 여론의 변화를 나타낸 그래프를 보자. 다음 <표 3-3>에서 나타난 바와 같이, 1996년 미국 랜드연구소와 한국의 중앙일보가 공동으로 시행한 한국 국민 여론조사에 의하면 "만약 북한이 핵무기를 만들 경우 한국은 핵무장을 해야 됩니까"라는 가정적인 질문에 대해 한국 국민은 91%가 핵무장을 지지한 것으로 나타난다. 동일한 질문에 대해서 1999년에는 응답자의 82%가 한국의 핵무장을 지지한 것으로 나타난다. 이것은 북한의 핵무장이 현실화 되기 이전의 여론조사로서 한국 국민들의 미래 가상적인 상황에 대한 응답으로 핵무장 선호가 무척 높다는 것을 보여주었다.

2006년 북한의 제1차 핵실험 이후에는 응답자의 52%가 한국의 핵무장을 지지한 것으로 나타났다. 2013년 2월 북한의 제3차 핵실험 직후 여론조사는 한국 국민의 67%가 핵무장을 지지한 것으로 나타난다. 북한의 제4,5차 핵실험이후 한국 국민의 핵무장지지 여론은 60% 수준이다. 국민들의 여론은 한국의 핵무장을 지지하고 있다고 하더라도, 국제적 여건과 미국의 한국의 핵무장 여론에 대한 반응에 따라 한국 국민들의 독자적 핵무장에 대한 태도가 달라질 수 있다는 것을 보여준다. 왜냐하면 국제핵비확산 체제는 1970년 이래 강화되어 왔으며, 한국은 1970년대에 이미 핵개발을 둘러싸고 미국으로부터 압력을 받아 취소한 경험이 있기 때문이다. 한국 국민들의 독자적 핵무장에 대한 지지 여론이 1996년 91%에서 2017년 60%로 사실상 하향 경향을 보이는 이유는 무엇인가? 이에 대해 국제 핵비확산 전문가 공동체에서는 매우 깊은 흥미를 보였다. 그 이유는 1993년

제1차 북핵위기 이후 2017년까지 북한이 국제핵비확산체제를 위반하고 핵과 미사일 실험을 계속하는 동안에 북한은 국제사회로부터 엄청난 제재와 외교적 고립을 받아왔으며, 한국이 북한을 따라 핵무장을 할 경우, 비슷한 제재와 외교적 고립을 당할 수 있다고 한국의 국민들이 계산하고 있다는 것을 보여준다. 북한의 핵위협이 더욱 증가함에 따라 한국이 핵무장 이외의 다른 방법으로 북핵위협을 억제해야 하고, 억제할 수 있을 것이라는 판단을 하고 있는 듯하다.

표 3-3	한국의 핵무장에 대한 여론변화 추이(1996~2017)			
북한 핵실험 일자	조사 연월	여론조사 실시기관	찬성(%)	반대(%)
2017.9 6차 핵실험	2017.9	한국갤럽	60	35
2016.9 5차 핵실험	2016.9	한국갤럽	58	34
2016.1 4차 핵실험	2006.1	한국갤럽	54	38
3-4차 핵실험 중간	2014.11	한국핵정책학회와 아산정책연구원	49.3	
2013.2 3차 핵실험	2013.2	아산정책연구원	66.5	
2009.5 2차 핵실험	2009.6	한국리서치 (동아시아연구원, 중앙SUNDAY)	60.5	37.2
2006.10 1차 핵실험	2005.7	코리아리서치센터 (동아일보, 아사히신문)	52	43
핵실험이전2	1999.7	미국 랜드연구소와 중앙일보	82.3	15.9
핵실험이전1	1996.7	미국 랜드연구소와 중앙일보	91.2	8.2

아울러, 한국의 독자적 핵무장에 대한 장단점을 서로 비교해보면 결론이 낙관적이지 않다. 장점은 세 가지, 단점은 네 가지다. 장점은 첫째, 한국 스스로 핵무기를 가져야 북한의 핵무기에 대한 균형을 달성할 수 있고, 북한과 일 대 일로 맞설 수 있다. 둘째 한국이 미국에 의존하지 않고 독자적 핵무장을 할 수 있을 때, 한미관계도 대등해 질 수 있으며 북한의 통미봉남을 막을 수 있다. 셋째, 한국 정부와 국민이 우리 안보문제의 주인의식을 가질 수 있다.

단점은 첫째, NPT 위반시 받을 외교 및 경제 제재가 심각하다. 북한은 핵개발 결과 외교적 고립, 경제적 제재, 체제 위기를 겪고 있는데, 대외의존도가 높은 한국이 핵개발로 인해 국제적 고립, 경제적 제재를 겪게 되면 한국의 발전은 도루묵이 될 수 있다. 둘째, 박정희 시대 한국이 핵개발을 시도했을 때 미국은 한미동맹 중단 및 고리원자력발전소 건설용 은행차관 중단, 국제적인 압박을 가했던 적이 있는데, 한국이 핵무장하려고 할 경우 유사한 미국의 압박이 전개되어 한미동맹은 거의 와해될 수도 있다. 셋째, 국제사회의 규범을 잘 지켜 온 한국의 국제적 이미지가 훼손되어 회복할 수 없다. 중국과 러시아의 반대, 영국과 프랑스, 일본의 반대도 심각할 것이다. 넷째, 한국의 국내에서도 반핵운동이 심해서 남남갈등이 더욱 심각해질 것이다.

그러므로 한국의 독자적 핵무장은 실현 불가능하다. 왜냐하면 1970년대 초반 박정희 시대에 한국은 핵무기 개발을 시도했으나, 미국 포드 행정부의 한미 동맹 중단 협박, 고리 2호기 원자력 발전소를 건설하는 데 필요한 미국의 해외차관 2억5천만 달러 공급 중단, 캐나다 중수로 판매 중단 압박 등으로 한국은 핵무기 개발 계획을 포기해야만 했다. 실패로 끝난 핵개발 시도 때문에 그 이후 평화적 원자력을 하더라도 미국을 비롯한 국제사회로부터 핵이용에 대한 의혹을 계속 받아야만 하였다.

그러므로 한국이 할 수 있는 일은 핵비확산체제의 규범을 잘 준수하면서 비핵화 정책을 잘 이행하는 것이다. 그러면서 한미 간의 외교협상을 통해 한국이 우라늄 농축과 재처리 능력을 갖출 수 있도록 한미 간에 협력을 계속하는 일이다. 미래에 소위 말하는 "핵옵션nuclear option"을 가질 수 있기 위해서다. 그러나 이 경우에도 한미 간에 원자력 협력을 거치지 않고 한국이 독자적으로 농축과 재처리 기술을 개발하게 되면 한국의 비확산 정책 준수 의지에 대한 미국의 의혹이 커져서 한미 간의 평화적 원자력 협력도 제한될 수 있다는 점을 감안해야 할 것이다.

한국의 킬체인, 한국형 미사일 방어체계, 대량보복전략

따라서 한국의 독자적 핵억제력을 위해 생각해 볼 수 있는 방안은 한국이 첨단 재래식 무기를 개발함으로써 북핵과 미사일 능력을 예방공격 내지 선제공격하는 방법, 북한의 핵 및 미사일 공격 시 막을 수 있는 한국형 미사일 방어 체계의 연구개발과 획득, 미국과 협력하여 북한에 대해 대량보복공격을 가할 수 있는 방법의 강구 등이 있다.

이 세 가지 방법은 2014년부터 한국정부가 선제타격을 위한 킬체인 능력 향상, 한국형 미사일 방어 구축 능력을 발전시켜 나가는 것으로 나타났다. 또한 2016년 10월에 한국은 한미연례안보협의회의에서 "북한의 핵·미사일 위협에 대응하는 독자적 핵심군사능력으로서 동맹의 체계THAAD, 패트리어트 포함와 상호 운용 가능한 Kill－Chain을 개발하고, 한국형 미사일 방어체계KAMD를 2020년대 중반까지 지속적으로 발전시켜 나갈 것이라고 발표하였다. 이와 함께 한국은 북한의 핵·미사일 위협에 대한 탐지·교란·파괴·방어 능력의 구축을 위한 투자를 지속해 나갈 뿐만 아니라 북한 핵사용 시 한국 자체의 대량보복전략을 개발하고 그 능력을 확충해 나가는 것이다.

하지만 현재까지의 한국의 독자적인 북한 핵억제노력을 평가해 볼 때, 전반적으로 너무 수동적이며, 북한 따라잡기식을 면하지 못하고 있다. 왜냐하면 2013년 북한의 제3차 핵실험 이후 북핵 위협이 현실화되고 난 지 1년 후인 2014년이 되어서야 한국이 킬체인 및 KAMD를 구축할 것이라고 결정했기 때문이다. 국방의 목적이 향후 6~15년 시기의 위협을 미리 예견하고, 전략기획과 전력기획을 하여 국내에서 개발할 무기는 연구개발하고, 긴급히 필요한 무기는 해외에서 도입하여서 북핵 위협이 현실화될 때에는 이미 그 대응능력이 갖추어져 있어야 하는데, 한국의 대응전략은 너무 늦게 시작되기 때문이다.

그러므로 한국은 능동적·통합적 억제전략을 가지고, 지체된 독자적 군사력을 제대로 갖추어 가야 할 것이다. 북한은 이미 한국의 대응 능력을 능가하여 그 보다 더 빨리 핵 및 미사일 능력을 발전시키고 있기 때문에, 한국이 이 지체된 여러 가지 전력증강 계획을 획기적으로 발전시키지 않으면 한국은 북한의 뒤를 쫓는 형국을 면하지 못할 것이기 때문이다.

한국 자체의 핵방호와 핵EMP 대비 조치

아울러 한국 국민들은 평시에 민관군 합동으로 핵대피와 방호훈련을 실시함으로써 소극적 방어passive defense능력을 향상시켜 가야 할 것이다. 한국군은 대량살상무기 상황 하에서의 전쟁훈련을 실시할 필요가 있다. 이는 북한이 핵을 포함한 대량살상무기를 쓰더라도 그 피해를 최소화 시킬 수 있는 훈련이 될 것이다. 모든 핵대피 요령을 숙지하고 정기적으로 핵대피 훈련을 실시해야 한다.

아울러 북한이 핵무기를 핵EMP용으로 사용할 경우, 한국의 모든 전략시설들과 정보네트워크를 방호할 장치를 마련해야 한다. 군대의 C4ISR 체계, 전자장비, 미사일, 전투기, 함정 등을 핵EMP로부터 방호하는 조치를 취할 뿐만 아니라, 사회의 모든 전산망, 금융네트워크, 교통, 산업시설, 전력, 공항과 항만, 민간 항공기와 선박 등을 핵EMP로부터 방호할 조치를 취해야 할 것이다. 여기에 대해서 한국 핵정책학회 산하 핵안보연구소가 정책과학과 자연과학 전문가들로 연구팀을 만들어서 융합학문적 관점에서 북한 핵EMP위협 연구와 각종 시나리오별 전략시설 방호대책을 연구하기 시작한 것으로 알려지고 있다. 이 연구가 정부, 산학 협동으로 결실을 맺어서 북한의 핵EMP위협에 효과적으로 대응을 해나가야 할 것으로 보인다.

소 결 론

북한의 핵실험 이후 북한의 핵위협이 가시화되었다. 이 핵위협에 대해서 여러 가지 시나리오를 가정하고 만반의 대비태세를 갖추어 나가야 한반도의 평화와 안정이 보장될 수 있으며, 한국은 남북한 관계에서 북한의 핵공갈 위협을 극복할 수 있을 것이다. 북한의 핵위협을 포기시키기 위해 진행되어 온 6자회담의 프로세스는 이제 돌이킬 수 없는 파국을 맞았다.

북한의 핵무기와 미사일 위협은 한반도와 동북아를 넘어 미국 본토에까지 미치고 있다. 김정은은 미국과 핵대결을 벌임으로써 맞장 뜨기를 하고 있다. 트럼프 행정부는 겁도 없이 미국에 대해 핵대결을 걸어오는 김정은 정권에 대해 비겁자 게임chicken game을 벌이고 있다. 어느 한쪽이 물러서지 않는 한 이 비겁자게임은 한반도 전쟁 위기로 치달을 가능성이 점점 커지고 있다. 이러한 때에 북한의 핵무기 사용을 철저하게 억제할 수 있는 방안의 강구는 필수적이다.

하지만 핵억제만으로는 북한의 핵위협을 해소할 수는 없다. 억제만으로는 필요조건이기는 하지만 충분조건은 되지 못한다. 더욱이 북한이 핵대결을 일방적으로 철회하지 않는 한, 북한의 핵무기와 핵물질에 대한 폐기에 이르려면 앞으로 더 많은 우여곡절을 겪어야 할 것이다.

그래서 북한의 핵무기와 핵물질이 완전하게 폐기되기 전까지 북한의 핵위협과 핵사용 가능성에 대해 항상 경각심을 가져야 한다. 왜냐하면 북한이 핵무기와 대륙간탄도탄을 보유함으로써 북한의 지도부는 재래식 전쟁과 핵전쟁을 배합하여 여러 가지 전쟁 시나리오를 구상하고 행동에 옮길 수 있는 전략적 융통성을 많이 갖게 되었기 때문이다.

핵 위협에 대한 억제방안은 핵무기로 하는 것이 효과적이나, 한국은 핵무기가 없으므로 동맹국인 미국의 확장억제전략에 의존하는 것이 가장 기본적인 방법이다. 예를 들면 북한핵에 대한 대량보복전략도 미국의 핵대량보복의 전략 없이는 힘을 발휘할 수 없기 때문이다. 탈냉전과 9·11테러 이후 미국의 핵억제전략은 맞춤형 억제전략으로 변하고 있고 2017년에는 트럼프행정부가 모든 수단을 강구함으로써 북핵을 무력화시키겠다고 하면서 북한에 대해 최대 압박과 관여정책을 구사하고 있다.

따라서 한국은 미국의 확장억제전략에 의존하여 미국의 보복적 억제력을 활용하는 한편, 미국이 거부적 억제력을 최대한 발휘할 수 있도록 한미 간에 동맹관계를 튼튼히 해나가야 할 것이다. 또한 한미 간의 협력을 강화함으로써 미국의 핵전략과 핵전력, 작전계획을 공유하고, 또한 전략무기의 운용에 공동 참여할 수 있도록 해나가야 미국의 확장억제전략을 우리 국민들이 신뢰할 수 있을 것이다.

아울러 한국군이 독자적으로 북한핵을 거부적으로 억제하는 전략을 만들어가야 한다. 한국형 거부적 억제전략을 먼저 수립하고 이를 뒷받침할 수 있는 C4ISR 능력과 장거리정밀타격능력, 미사일 방어능력을 획기적으로 발전시켜야 할 필요가 있다. 그래야 북한이 핵문제는 미국과 대화하고, 군사문제에 있어서 한국을 완전 소외시키는 일이 발생하지 않을 뿐만 아니라 한국을 북핵의 인질로 삼는 북한의 전략게임을 벗어날 수 있다.

한편, 한국의 국내에서는 북한의 핵위협에 대비한 방호 및 대피훈련을 평시에 실시해야 할 것이다. 특히 북한의 핵EMP탄 사용에 대비하여 EMP효과를 차단하기 위해 국가의 모든 전략시설들에 대한 방호체계를 강구하는 작업을 병행해 나가야 할 것이다.

군사안보차원의 대책 없이는 차후 북한과의 협상테이블에서 한국을 비롯한 미국의 대북한 협상카드는 힘을 발휘할 수가 없다. 북한핵에 대한 억제전략이 유효해야, 북한이 핵은 무용지물이라고 인식하고 비핵을 선택하여 나올 수 있고, 따라서 북핵의 완전한 폐기도 이루어질 수 있기 때문이다.

04

북한에 대한 압박과 제재:
그 효과는?

"The Fate of Nuclear Weapons in North Korea"

04.

북한에 대한 압박과 제재:
그 효과는?

북한이 핵무기를 개발해 온 것은 국제핵비확산조약NPT의 명백한 위반이다. 탈냉전 이후 국제핵비확산체제가 강화되고 있는 시점에서 이에 반발하여 핵무기를 개발해 온 북한은 국제사회의 눈 밖에 나게 되었다. 특히 북한은 1993년 3월에 NPT를 탈퇴하고, 그 후 미북 제네바 회담에서 NPT에 복귀하기로 약속했으나 "북한이 필요하다고 생각하는 기간 동안에만 잔류한다"고 하는 애매한 표현으로 얼버무리고 있다가, 2003년에 다시 NPT를 탈퇴하여 핵개발을 공식화하였다. 2017년 말 현재, NPT회원국은 191개국이나 되고 있지만, 북한은 NPT를 두 번이나 탈퇴한 지구상에서 유일무이한 국가가 되었다. 따라서 국제사회에서는 북한을 국제사회의 무법자outlaw 혹은 불량국가rogue state로 명명하고, 북한에 대해 외교적 혹은 경제적 제재를 가하고 있다.

본 장에서는 북한이 핵무기와 미사일 개발을 가속화시킬수록 국제사회가 취해 온 북한에 대한 제재sanctions를 역사적으로 고찰해 보고, 북한에 대한 제재는 어떤 정치적, 법적, 제도적인 근거가 있는지 살펴보기로 한다. 또한 북한에 대한 국제적 압박과 제재가 어떤 효과를 내고 있으며, 북한이 그런 제재에 대해 어떻게 반발하고 있고, 국제사회는 어떻게 북한의 반발에 대해 더 강도 높은 제재를 취해 나가고 있는가를 검토해 보기로 한다. 북한에 대한 제재가 거두고 있는 효과에 대해 정리하면서 앞으로의 전망을 해보기로 한다.

북한 핵문제의 대두 시기부터 2006년 북한의 장거리 미사일 시험 발사 이전까지 (1990년대 초반~2006년 6월까지)

제1장에서 본 바와 같이, 북한은 1980년대 말부터 핵무기 개발을 시작하였다. 탈냉전 초기인 1991년 9월에 미국이 한반도와 세계로부터 전술핵무기를 철수한다고 발표하고, 남북한이 한반도비핵화를 위한 협상을 가지기를 권유하였다. 남북한은 1991년 12월 하순에 남북한 핵전문가 회의를 갖고, 남한과 북한이 핵무기를 개발, 보유, 시험, 배치하지도 않는다는 한반도 비핵화공동선언에 합의하였다.

그러나 북한은 1989년, 1990년, 1991년에 이미 3차례나 사용 후 핵연료를 재처리하여 무기급 플루토늄을 7~22kg 보유하였다고 추정되고 있었다. 비밀리에 고폭실험도 하여 핵무기 제조방법을 숙지하였다. 이것을 IAEA에서 적발하고 북한 당국에게 솔직한 설명을 요구했으나, IAEA는 북한의 해명이 진정성이 없고 핵개발 사실을 숨기고 있다고 판단했다. 이에 IAEA는 1993년 2월에 북한에게 특별사찰을 수용할 것을 결의했고, 북한은 이에 반발하여 3월 12일 NPT 탈퇴선언을 하였다. 5월에 유엔안보리는 북한에게 핵사찰 수용과 NPT탈퇴 철회를 촉구하는 유엔안보리 결의 825호를 채택했다.

유엔안보리 결의 825호는 북한 핵문제에 대해서 유엔안보리가 전원합의 하에 통과시킨 첫 결의이다. 그 내용은 국제핵비확산체제가 국제평화와 안보에 기여하고 있다는 것을 강조하면서 북한이 NPT 탈퇴를 재고해 줄 것을 주문하고, 북한이 IAEA와의 핵안전조치 협정을 잘 준수하며, 당사자들이 IAEA가 제기한 북한의 위반사항을 대화로 잘 해결하도록 촉구하는 것으로서 아무런 강제조항이나 제재조치가 없는 권장사항을 담고 있다.

탈냉전 이후 국제사회는 IAEA와 유엔안보리간의 상호 협력관계를 제도적으로 강화시킬 필요성에 대해 공감하기 시작했다. 왜냐하면 IAEA는 회원국의 핵안전조치 위반사례를 적발할 수는 있어도 처벌할 수 있는 권한이 없었기 때문이다. 또한 1991년 걸프전이 끝난 뒤 유엔안보리가 이라크에서 대량살상무기의 사찰을 위해 유엔안보리결의 687호1991.4.3.를 통과시키고 유엔특별위원회UNSCOM: UN Special Commission를 조직하여 이라크의 대량살상무기 사찰에 나선 결과, 이라크에서는 종래에 IAEA의 사찰은 받아왔지만, IAEA에 의해 적발되지 않았던 비밀 핵개발 프로그램이 발견되었다. 이로써 IAEA의 기존의 사찰제도로는 국가가 의도적으로 숨기는 핵개발 프로그램을 발견할 수 없다고 간주하고, 북한 등 핵개발 의혹을 받는 국가에 대해서는 유엔안보리와 IAEA가 협조함으로써 IAEA의 사찰제도를 강화시켜야 한다는 공감대가 널리 퍼졌다. 그래서 1992년 1월 뉴욕에서 개최된 유엔안보리 상임이사국 5개국 정상회담에서 IAEA가 회원국의 핵안전조치 의무 위반행위를 유엔안보리에 보고하도록 하고, 유엔안보리는 이 문제에 대해서 공동으로 필요한 대처수단을 강구하겠다고 결의하였다. 또한 IAEA는 회원국간 회의와 연구를 거쳐서 1998년에 IAEA추가의정서 540호를 통과시키고 특별사찰을 제도화시키게 되었다. 이러한 과정을 거쳐서 비밀 핵개발 의혹이 있는 국가들에 대해 IAEA와 유엔안보리 간의 협력을 통해서 정치적, 법률적, 제도적인 규제의 틀을 만들게 되었다. 동기간에 필자는 스위스 제네바에 소재한 유엔군축연구소에 가서 IAEA의 사찰제도를 강화시키기 위한 연구를 실시하였는데, 1995년에 유엔에서 출판한 『동북아의 핵비확산과 핵군축Nuclear Nonproliferation and Disarmament in Northeast Asia』에 그 내용이 담겨있다. 그리고 이때에 필자는 한국에서 최초로 남북한의 제네바군축회의Conference on Disarmament 회원국으로 가입을 촉구하여 1996년에 실현된 바 있다.

북한 핵개발 문제가 세계적인 안보이슈로 등장한 이래 2006년 7월 북한이 장거리 미사일인 대포동 2호를 시험 발사할 때까지, 북한의 핵문제는 주로 국제원자력기구IAEA에서 논의되었고, 미국이 주로 문제를 제기했으며, IAEA가 중대한 사안이라고 결정한 때에, IAEA가 유엔총회나 유엔안보리에 보고하여 북한에 대해서 경고를 하는 수순을 밟았다. 이 기간 중에 IAEA와 미국 등이 유엔안보리에 대북 결의안을 상정시키면, 중국이나 러시아는 기권 내지 반대를 하였다. 따라서 유엔안보리는 전원 합의에 의한 결의 대신에 유엔안보리 의장성명을 몇 차례 채택하였던 것이다.

왜냐하면 중국은 1990년대에 북한의 핵문제를 심각하게 보지 않았으며, 오히려 미국의 대북한 압박정책이 북한핵문제를 더 심각하게 만든다고까지 주장하였다. 즉, 미국이 별 문제도 아닌 것을 국제문제화 시켜서 북한을 압박하니까, 북한이 핵무기를 만들지 않을 수 없는 상황으로 몰리게 된다고 하는 적반하장식 주장을 하기도 했다. 또한 중국은 미국의 직접 위협으로부터 북한이 중국을 보호하고 격리하는 공간을 제공하는 즉, 전략적 완충지대로 간주하고 있었다. 한편 북한과 러시아의 관계가 악화되고, 러시아가 점차 북한으로부터 손을 떼자 중국은 북한을 보호하는 역할까지도 함으로써, 미국의 북한핵문제 제기에 반발하였던 것이다. 또한 중국은 1992년에 핵비확산조약에 가입한 핵보유국으로서 그 권리만 누리고자 하였지, 핵보유국으로서 국제핵비확산을 위해 어떤 의무나 책임을 져야 하는지에 대한 인식조차도 못하고 있을 때였다.

1992년에 남북한 핵통제공동위원회 회의에서 남한이 북한에 대해서 "북한이 남북한 상호사찰을 수용하지 않으면, 국제사회로부터 강한 핵비확산 압력이 있을 것이다"라고 하자, 북한은 강력하게 반발하면서 "압력에는 전쟁으로 대응한다"고 큰소리치기도 했다.

이 시기에 북한이 IAEA와의 핵안전조치협정을 위반하는 것에 대해서 IAEA가 대북한 경고형식의 IAEA 결의를 먼저 채택하고, 이를 유엔안보리에 보고했으며, 유엔은 유엔안보리 의장성명, 유엔총회의 결의 형식을 빌어 북한에게 경고를 발표했는데, 이러한 조치를 날짜별로 열거하면 다음과 같다. 1994년 10월부터 약 6년간과 2004년부터 2년 반 동안 유엔안보리의 의장성명이나 IAEA의 결의안이 없는 것은 각각 북미제네바합의의 이행 기간, 6자회담 기간 중이었기 때문에 그렇다.

- 1994.3.21. IAEA특별이사회, 북핵문제 유엔안보리에 상정 결정
- 1994.3.31. 유엔안보리, 북한의 추가사찰 수락을 촉구하는 유엔안보리 의장성명 채택
- 1994.5.30. 유엔안보리, 북한에 핵연료봉 인출에 관한 협상을 촉구하는 의장성명 채택
- 1994.6.10. IAEA 이사회, 대북한 제재 결의안 채택매년 60만 달러의 대북한 기술원조 중단 및 대북 지원금 대폭 삭감에 관한 건
- 1996.10.15. 유엔안보리, 북한 잠수함의 남한 침투관련 의장성명 채택
- 1996.10.29. 유엔총회, 북한의 IAEA 핵안전조치 이행 촉구 결의 채택
- 1999.10.1. IAEA, 대북한 핵안전조치 이행 촉구 결의안 채택
- 2001.9.25. IAEA, 대북한 핵안전조치 준수 촉구 결의안 채택
- 2001.12.14. 유엔총회에서 대북한 핵사찰 수용을 촉구하는 결의안 채택
- 2002.11.28. IAEA 이사회, 북한의 핵개발 포기 요구 성명 채택
- 2003.1.6. IAEA 특별이사회, 북한에 대해 HEU 핵개발계획에 대

한 해명 및 핵동결 원상회복 촉구 결의를 만장일치로 채택

- 2003.2.12. IAEA 특별이사회, 유엔안보리에 북핵 문제 공식 회부 결의러시아, 쿠바: 기권, 중국: 찬성

- 2003.3.25. 중국 외교부 대변인, "유엔제재에는 찬성할 수 없으며 중국 주재하에 북미 당사국 회담으로 문제를 해결할 수 있다"고 의견 피력

- 2003.7.3. 유엔안보리 "북핵폐기 촉구" 의장성명, 중국과 러시아 의 반대로 무산

이상에서 본 바와 같이, 북핵문제에 대해 IAEA의 결의안, 유엔안 보리 의장 성명, 유엔총회 등에서 북한에게 NPT를 준수하고, 국제사 회의 북한 비핵화 요구를 수용해 줄 것을 끊임없이 경고했으나, 북 한 당국은 마이동풍식으로 무시했다. 그동안 북한의 핵과 미사일 능 력은 계속 발전했다. 드디어 2006년 7월 5일 북한은 대포동 2호 미 사일 시험발사를 하게 된다.

2006년 7월부터 2015년 12월까지의 대북한 제재

2006년 7월 5일 북한이 장거리미사일 대포동 2호를 시험발사하 자, 국제사회는 유엔안보리에서 대북 제재 결의 1695호2006.7.15.를 통과시켰다. 동 결의에서는 북한의 미사일 발사를 규탄하고 북한이 이전에 미국과 합의하였던 미사일 발사 모라토리엄유예에 대해서 약 속을 지킬 것을 촉구하였다. 그리고 모든 유엔회원국들이 미사일 관 련 물자, 상품, 기술, 재원을 북한으로 제공하지 말 것을 권고하고 있다. 북한이 NPT 의무 및 IAEA 안전규정을 준수하고 6자회담으로 신속하게 복귀할 것을 촉구하고 있다. 북한의 일탈행동에 대한 유엔

안보리의 만장일치의 제재는 이것이 사실상 처음이나 마찬가지였다.

북한은 이에 반발하면서, 2006년 10월 9일 최초의 핵실험을 감행하였다. 유엔안보리에서는 북한의 핵실험이 국제평화와 안보를 파괴한 행위라고 규정하고, 10월 14일에 만장일치로 유엔안보리결의 1718호2006.10.14.를 통과시켰다. 그 근거는 유엔헌장의 제7장 41조를 인용하고 있다. UN안보리의 대북한 경제제재의 근거는 유엔헌장의 제7장인 "평화에 대한 위협, 평화의 파괴 및 침략행위에 관한 조치"에서 나온다. 유엔헌장 제39조는 "안전보장이사회는 평화에 대한 위협, 평화의 파괴 또는 침략행위의 존재를 결정하고, 국제평화와 안전을 유지하거나 이를 회복하기 위하여 권고하거나, 또는 제41조 및 제42조에 따라 어떠한 조치를 취할 것인지를 결정한다."라고 하고 있다. 제41조는 경제 및 외교 제재비군사적 제재에 대해서 다루고 있고 제42조는 군사제재에 관해 다루고 있다. 제41조를 보면, "안전보장이사회는 그의 결정을 집행하기 위하여 병력의 사용을 수반하지 아니하는 어떠한 조치를 취하여야 할 것인지를 결정할 수 있으며, 또한 국제연합 회원국에 대하여 그러한 조치를 적용하도록 요청할 수 있다. 이 조치는 경제관계 및 철도·항해·항공·우편·전신·무선통신 및 다른 교통통신수단의 전부 또는 일부의 중단과 외교관계의 단절을 포함할 수 있다."고 규정하고 있다.

이 제41조에 근거를 두고 유엔안보리에서는 북한이 핵실험을 할 때마다 미국, 일본, 한국이 북한 핵문제를 유엔안보리에 제기했으며, 유엔안보리에서는 대북한 경제제재 조치를 논의해 왔다. 미국과 한국, 일본 등은 유엔안보리에서 강하고 효과적인 경제제재 조치를 상정했으며, 중국과 러시아는 그 제재강도를 약하게 만들기 위해 이의를 제기했고, 그 결과 최초 상정안 보다 상당히 약한 제재가 결정되었다.

그런데 유엔안보리 결의 1718호의 주요내용으로는 북한의 핵실험을 비난하고 추가적 핵실험을 하지 않을 것을 촉구하며, 탄도미사일 프로그램과 관련된 모든 행위를 중지하고 핵무기 및 프로그램, 그리고 WMD 및 프로그램을 완전히 포기하고 6자회담으로 복귀할 것을 북한에게 요구하였다. 종전의 유엔안보리의 대북 결의들과 달리 제1718호에서는 회원국이 준수해야 할 북한제재의 세부 이행 내용과 유엔의 대북 제재위원회 구성을 결정하는 내용이 담겨 있다. 이후 통과된 안보리 대북제재 결의에서는 세부 제재내용이 추가되는 것을 제외하고는 제1718호에서 나타난 제재 기본구조가 그대로 유지되고 있어 안보리 대북제제 결의에 있어서 중요한 전환점이 된 것으로 평가된다.

제1718호에서 나타난 대북제재조치의 구체적 내용은 크게 네 가지로 구분된다. 첫째는 무기금수 및 수유출입통제에 관한 내용으로서 전차·장갑차·전투기·공격용헬기·전함 등 무기, 그리고 핵·WMD 및 탄도미사일관련 물품에 대한 북한 유출입을 금지하고, 그리고 북한에 유입되는 사치품에 대한 이전금지다. 둘째는 금융·경제제재로서 모든 회원국들은 북한의 핵·탄도미사일·WMD 관련 프로그램을 지원하는 자국 내 자금과 금융자산, 경제적 자원을 동결한다. 셋째는 회원국들은 북한의 핵·탄도미사일·WMD 프로그램 정책에 책임이 있는 것으로 지정된 개인들의 회원국 입국 및 통과를 금지하는 조치를 취하고, 금수품목에 대한 불법거래를 방지하기 위하여 회원국들이 북한 유출입 화물에 대한 검색 조치를 취할 것을 권고한다. 넷째는 결의 이행 상황을 파악하고 제재조치의 적절성 여부 등을 검토하기 위해 안보리 산하에 제재위원회Commission을 구성·운영한다.

「UN 1718 위원회」는 유엔안보리 결의 1718호에서 규정한 각종 제재 조치를 감독하고 이를 수행하기 위해 유엔안보리가 설립한 위원회다. 이 위원회는 유엔의 모든 국가들로부터 1718호와 관련하여 취한 조치사항을 보고받고, 북한의 1718호 위반행위와 이를 근절시키기 위한 행위에 대한 의견 청취, 추가해야 할 품목, 물질, 장비, 물자 및 기술을 특정하는 일, 북한의 개인과 단체들을 추가적으로 특정하는 일, 본 결의에 의하여 취해지는 조치들의 이행을 보장하기 위하여 필요하다고 생각되는 지침을 작성하여 공표하는 일, 조치들의 효율성을 제고하는 방안을 중심으로 그 동안의 활동결과와 개선방안을 내용으로 하는 보고서를 매 90일 단위로 안보리에 제출하는 일을 수행한다. UN 1718위원회가 중요한 이유는 북한에 대한 1718호의 이행실적을 정기적으로 평가해서 북한의 핵개발을 막기 위해 유엔안보리차원의 대처방안을 상시적으로 검토하게 만드는 것이다.

그런데 1718호의 제재를 결의할 때에 중국은 제재의 내용을 약화시키고자 끝까지 이의를 제기했다. 1718호에 대한 중국의 입장은 북한에 대한 물리적 제재는 한반도에서 무력충돌을 야기할 수 있기 때문에 반대하였다. 중국은 북한의 핵실험에 대해 "제멋대로"라고 규탄을 하기는 했지만, 북한에 대한 인도적 지원까지 막아서는 안 된다고 주장했다. 특히 북한의 민수용 물자까지 제재하면 안 된다는 입장을 표시하고 1718호의 제재의 범위를 축소시키고자 하였다. 중국은 북한으로부터 철광석과 석탄을 대규모로 수입하고, 북한에 대해 엄청난 현금을 지불하고 있었으므로 북한과의 교역을 그대로 유지하기를 원하고 있었다. 러시아의 푸틴대통령은 미국의 대북한 제재 정책이 오늘의 상황을 만들었다고 하면서 미국을 비판하고 대화를 통한 해결을 강조하였다.

미국 정부는 중국과 러시아가 미국이 상정한 제재안에 대해 반대하며 그 내용을 약화시키려는 것에 불만을 나타내었지만, 만장일치의 지지를 얻기 위해서는 중국과 러시아의 요구를 일정 부분 수용할 수밖에 없었다. 한편 미국은 한국정부에 대해서는 대북한 제재의 수준을 높여줄 것을 요구하였다. 개성공단을 축소시키거나 또는 폐쇄하라고 요구했고, 금강산 관광 사업을 중단시키고 대북한 현금 유입 통로를 차단하라고 요구해 왔다. 또한, 동해와 서해를 경유하는 북한 선박에 대한 검색을 위해 확산방지구상Proliferation Security Initiative: PSI에 가입하라고 촉구했다. 한국 정부는 대북 식량과 비료 지원을 중단하는 조치는 취하고, 개성공단을 확장시키는 사업을 하지 않는 선에서 대북 정책을 조정하였다. 그러나 개성공단과 금강산 관광 사업은 그대로 남겨 두었다.

결과적으로 1718호는 북한경제에 큰 영향을 주지 못했다. 미국을 따라 일본도 대북한 경제제재를 했지만, 중국의 대북제재가 미미했고 한국도 남북한 교역을 하고 있었기에, 오히려 북한의 대중국 무역과 남북한 교역은 증대되게 되었고 대북한 제재는 효과가 거의 나타나지 않았다고 할 수 있다.

이로부터 3년 후인 2009년 5월 25일 북한이 제2차 핵실험을 실시했다. 유엔안보리에서는 1874호2009.6.12. 결의를 통과시켰다. 이 때에 1718 위원회를 보좌할 유엔 「1874 전문가 패널」을 조직하였다. 1874호는 대량살상무기에 대한 이전 통제 및 금융 통제와 관련하여 제1718호보다 강화된 제재 내용을 담고 있다. 주요내용으로는 제1718호와 동일하게 북한에게 탄도미사일 프로그램·핵무기 및 프로그램·대량살상무기 및 프로그램을 포기할 것을 촉구하고, NPT와 IAEA 안전조치의 준수와 북한의 6자회담으로의 복귀 요구를 포함하고 있다. 이에 더해 제1874호에서는 2007년 6자회의 당사국 간에 이루어진 2.13 합의 및 10.3 합의의 이행을 촉구하고, 포괄적 핵실험

금지조약CTBT에 대한 북한의 조속한 참가 요구, 그리고 UN 회원국들의 제1718호 이행을 촉구하는 내용을 담고 있다.

제1874호에 나타난 구체적 대북제재 내용은 다섯 가지로 구분될 수 있다. 첫째, 무기금수 및 수출입통제와 관련하여 제1718호에서 정한 금지품목대상을 소형무기 및 경화기를 제외한 "모든 무기 및 관련물자"로 확대하였으며, 소형무기 및 경화기의 북한 이전에 대해서는 회원국들의 주의를 촉구하고 북한으로 이전되기 최소 5일전까지 1718제재위원회에 통보하도록 결정하였다. 둘째, 화물검색과 관련하여 금수품목이 포함된 것으로 의심되는 북한 유출입 화물에 대해서는 항구, 공항을 포함하여 회원국 영토 내에서 검색하고, 공해상에서는 선박 기국旗國 동의하에 의심선박을 검색할 것을 모든 회원국에 촉구하였으며, 검색에 따라 금지품목이 적발될 경우 회원국이 이를 압수, 처분하도록 결정하였다. 또한 의심선박에 대해서는 연료공급 등 급유 및 지원서비스 제공을 금지하였다. 셋째, 금융·경제제재와 관련하여 회원국들이 핵·WMD·탄도미사일 프로그램 관련 기여 가능성이 있는 금융거래 및 대북 무역지원을 위한 공적 금융지원 제공을 금지하고 관련자산을 동결할 것을 촉구하며, 인도주의, 개발의 목적 또는 비핵화 증진의 경우를 제외한 무상원조, 금융지원, 양허성 차관의 신규 불허 및 기존 계약의 해지 등을 촉구하였다. 넷째, 제재이행을 위한 매커니즘을 강화하여 결의 채택 이후 45일 이내에 회원국들이 제재이행에 관한 구체적 조치사항을 담은 국가보고서를 안보리에 제출하도록 촉구하였으며, 7인 이내로 구성된 전문가패널 설치를 통해 "1718제재위원회"의 활동을 강화하였다. 다섯째, 안보리 의장성명2009년 4월 13에 따라 2009년 4월 24일 기업·단체 3개가 제재대상으로 지정한 것에 추가하여 결의안 제1874호에 따라 2009년 7월 16일 기업·단체 5개와 개인 5명이 제재 대상으로 추가 지정하였다.

1874호 결의는 1718호보다 약간 강화된 내용이 포함되어 있으나, 미국, 한국, 일본이 최초에 건의한 결의안보다 그 강도와 내용이 약화되었다. 그것은 중국정부가 북한에 대한 민생을 지원할 목적으로 한 무역이나 거래는 제외해 줄 것을 강력하게 요구한 때문이었다.

2009년 5월 북한의 제2차 핵실험 이후에 한국정부는 그동안 미루어 왔던 확산방지구상PSI에 가입하였다. 국회에서 야당은 반대했지만, 국제사회의 요청과 이명박 정부의 대북 제재 참여 결정으로 PSI에 가입을 한 것이다. 이때에 북한은 유엔안보리 결의 1874호에 대해서도 반발했고, 이명박 정부의 PSI가입에 대해 "제재에는 전쟁" 운운하며 더욱 강한 반발을 나타냈다.

이후 북한은 핵무기 보유의 자신감을 가지고, 남한에 대한 강압과 무력도발을 하기 시작했다. 2009년 11월 북한의 NLL 위반행위가 빈발하자 한국 해군은 강하게 대응했으며, 그 결과 대청해전이 있었다. 대청해전에 대한 북한의 보복행위가 2010년 3월 26일 천안함 폭침 사건으로 나타났다. 이에 대해 한국정부는 국제공동조사단을 참여시켜 원인 추적에 나섰고, 북한의 어뢰에 의한 공격임을 밝혀 내었다. 한국은 이 조사결과를 가지고 유엔안보리에 제소하였으나, 중국과 러시아의 반대로 유엔안보리에서는 제재결의가 통과되지 못하고, 대신에 안보리 의장성명이 채택되었다. 한국정부는 북한의 이러한 무력도발을 근절시키기 위해 북한의 사과와 재발방지 약속을 요구하며, 2010년 5·24 조치를 발표하고 즉각 이행에 들어갔다. 5·24 조치는 북한의 천안함 폭침 사건에 대한 직접적인 응징이지만, 북핵과 미사일 관련 기존의 유엔안보리 제재조치를 남북한 관계에 광범위하게 적용하는 제재조치의 일종으로도 볼 수 있다.

5·24 조치는 북한 선박의 남한 해역 운항을 전면 불허하고, 남북

한 간 교역을 중단하며, 한국 국민의 방북을 불허하고, 대북 신규 투자를 금지하며, 대북 지원사업을 원칙적으로 보류 한다는 내용을 담고 있다. 이에 따라 인도적인 목적이라 해도 사전에 정부와 협의를 거치지 않으면 대북지원을 할 수 없게 됐다. 그러나 개성공단은 그대로 남겨 두었다. 이 조치로 인해서 개성공단 기업 등 남북 경협 1천여 개 기업은 가동률 저하, 높은 이자 부담 등으로 인해 심각한 경영난에 직면하기도 했다. 북한의 주요 외화 수입원으로 작용해 왔던 금강산관광사업은 2008년 7월에 발생한 한국 관광객 피살사건으로 인해 중단되었다.

전체적으로 볼 때, 2012년 말까지 중국의 대북한 경제제재 참여 및 이행 여부가 의문시 되고 있었다. 한국의 개성공단 지원은 계속되고 있었다. 대북한 경제제재 효과는 그다지 나타나지 않았다. 그러던 중, 2013년 2월 12일에 북한은 제3차 핵실험을 감행했고, 4월 13일에 장거리미사일 실험을 시도했다. 유엔안보리에서는 결의 2087호 2013.1.22.와 2094호2013.3.7.을 통과시켰다.

중국 정부는 유엔안보리 결의 2087호와 2094호를 성실하게 이행해달라는 국제사회의 요청에 부응하여 사상 처음으로 중국의 중앙 정부가 관련 정부기관 및 기업체에게 대북한 경제제재를 철저하게 이행하도록 공문으로 지시하였다. 한편 북한의 제3차 핵실험 이후 중국의 국내에서 핵무기개발과 전쟁위협을 계속하고 있는 북한의 김정은 정권에 대해서 예전과 같이 지원을 해서는 안 된다는 자성과 비판이 일어나기도 했다.

중국정부도 미중간 협력과 한중간의 협의를 통해서 과거와는 다르게 북한의 비핵화를 촉구하면서 대북 경제제재에 대해서 성의있는 태도를 보이기 시작하였다. 그러나 여전히 그 강도는 크지 않았다고 평가되었다.

중국은 북한이 핵이나 미사일을 시험발사 하고 난 후 유엔안보리에서 대북제재 논의를 할 때에, 미국이 강력한 대북 제재 방안을 제안하면 그것의 강도를 가능한 한 약화시키면서 북한에게는 솜방망이 제재가 되도록 만들기 위해 노력하였다.

중국 정부가 말로는 북한의 핵실험과 미사일 시험에 대해서 강도높은 비난을 표시했지만, 실제로는 제재에 대해서 미온적인 태도를 보인 것이다.

중국의 대북한 정책에서 최우선 순위는 북한 정권의 안정, 그 다음 순위는 한반도에서 전쟁 방지, 제3의 우선순위가 북한의 비핵화정확하게 말하면 한반도의 비핵화에 놓여 있었다. 한미 양국을 비롯해 일본, 유엔안보리와 국제사회가 비핵화를 최우선순위에 놓으라고 설득해도 이 순위는 변함이 없다가, 2013년 2월 북한이 제3차 핵실험을 했을 때에 시진핑 정부가 비핵화를 북한체제 안정 다음으로 상향조정하는 것 같은 행동을 보이기도 했다. 표면상으로는 비핵화를 최우선순위에 놓았다고 설명했다. 하지만 북한이 제4차 핵실험을 감행한 2016년 1월까지 중국의 북한 제재에 대한 태도는 근본적인 변화를 보이지 않았다.

중국의 대북한 경제제재가 느슨했다는 사실은 다음 <표 4-1>에서 드러난다. 2009년 5월 북한의 제2차 핵실험 이후 국제제재가 강화되자, 북한은 중국을 무역 상대국으로 바꾸었고, 중국은 2017년에 미국과 국제사회의 대북한 제재가 더욱 강화될 때까지 북한의 대외 무역의 약 90%를 점유할 만큼 북한에 대한 무역을 더욱 증가시켰다. 이것은 다른 국가들이 북한에 대한 무역을 거의 모두 중단하는 상태에서 중국이 그 빈자리를 보충할 뿐만 아니라 대폭 증가시켰다는 것을 의미한다. 이 시기에 한국의 북한 전문가들은 북한이 중국의 동북 3성에 이은 동북 4성이 될 가능성에 대해서 많은 우려를 나타내기도 했다. 만약 북한의 중국의존도가 계속 되고, "한국이 남북한 교역을 중단한다면, 통일 후에 북한 주민들이 어떻게 한국을 수용할 수 있겠는가?" 라고 하면서 우려를 나타내기도 했다.

그런데 중국의 전문가들은 2006년 북한이 제1차 핵실험을 했을 때에 중국정부가 북한을 너무 강하게 비난했기 때문에 2009년에 북한을 감싸는 척함으로써 중국이 북한에 대해 가지고 있는 영향력을 복원하려고 시도했다는 변명 아닌 변명을 늘어놓기도 했다.

표 4-1				북한의 대중국 교역비중												
연도	2000	01	02	03	04	05	06	07	08	09	10	11	12	13	14	15	16
비중	24.7	32.5	32.6	42.8	48.5	52.6	56.7	67.1	73	78.5	83	88.6	88.3	89.1	90.2	91.3	92.7

출처: 통계청, 북한통계, '주요국별 교역비중 변화추이' 항목,
http://kosis.kr/statisticsList/statisticsListIndex.do?menuId
=M_02_02&vwcd=MT_BUKHAN&parmTabId=M_02_02#SelectStatsBoxDiv

<표 4-2>에서 북한의 무역총액의 변화를 보면, 2011년부터 60
억불 대로 대폭 증가하는 것을 볼 수 있다. 이것은 북한과 중국 간의
무역액이 엄청나게 증가하고 있다는 것을 보여준다.

표 4-2 북한의 무역총액					
연도	무역총액($)	증감률(%)	연도	무역총액($)	증감률(%)
2000	1,969,537.0	33.1	2009	3,413,818.0	−10.5
2001	2,270,499.0	15.3	2010	4,174,405.0	22.3
2002	2,260,388.0	−0.4	2011	6,357,059.0	52.3
2003	2,391,374.0	5.8	2012	6,811,277.0	7.1
2004	2,857,111.0	19.5	2013	7,344,786.0	7.8
2005	3,001,678.0	5.1	2014	7,610,881.0	3.6
2006	2,995,803.0	−0.2	2015	6,251,816.0	−17.9
2007	2,941,077.0	−1.8	2016	6,531,692.0	4.5
2008	3,815,691.0	29.7			

*무역총액 = 수출액 + 수입액, 남북한 교역액 불포함

* 출처: 통계청, 북한통계, '무역총액'
항목, http://kosis.kr/statHtml/statHtml.do?orgId=101&tblId=DT_
1ZGA91&conn_path=I2 (통계청은 KOTRA「북한의 대외무역동향」참고하여 작성)

04. 북한에 대한 압박과 제재: 그 효과는? | **189**

2016년 초 ~ 2017년 말까지의 대북한 제재

2016년 1월 6일 북한은 수소탄실험을 성공적으로 거행했다고 발표했다. 국제사회는 지금까지의 유엔안보리 대북제재와는 달리 매우 강도 높은 대북제재를 시행하기 시작했다. 유엔안보리 결의 2270호2016.3.3.부터 중국이 북한에 제공하는 군사용 원유를 제공하지 않는다고 약속했다. 2월 10일, 한국정부는 개성공단을 전면 가동중단한다고 발표했다.

표 4-3	2000-2016 남북교역 현황					
시점	반입		반출		합계	
시점	건수(건)	금액 (천달러)	건수(건)	금액 (천달러)	건수(건)	금액 (천달러)
2000	3,952	152,373	3,442	272,775	7,394	425,148
2001	4,720	176,170	3,034	226,787	7,754	402,957
2002	5,023	271,575	3,773	370,155	8,796	641,730
2003	6,356	289,252	4,853	434,965	11,209	724,217
2004	5,940	258,039	6,953	439,001	12,893	697,040
2005	9,337	340,281	11,828	715,472	21,165	1,055,754
2006	16,412	519,539	17,039	830,200	33,451	1,349,739
2007	25,027	765,346	26,731	1,032,550	51,758	1,797,896
2008	31,243	932,250	36,202	888,117	67,445	1,820,366
2009	37,307	934,251	41,293	744,830	78,600	1,679,082
2010	39,800	1,043,928	44,402	868,321	84,202	1,912,249
2011	33,762	913,663	40,156	800,192	73,918	1,713,855
2012	36,504	1,073,952	45,311	897,153	81,815	1,971,105
2013	20,566	615,243	25,562	520,603	46,128	1,135,846

2014	38,460	1,206,202	47,698	1,136,437	86,158	2,342,639
2015	45,640	1,452,360	55,267	1,262,116	100,907	2,714,476
2016	5,352	185,523	6,072	147,038	11,424	332,561

출처 : '남북 교역 현황' 통계청 국가통계포털, "북한통계"
http://kosis.kr/statisticsList/statisticsListIndex.do?menuId=M_02_02&vwc
d=MT_BU KHAN&parmTabId=M_02_02#SelectStatsBoxDiv(검색일: 2018/03/18)

미국은 한국정부와 긴밀 협의를 갖고 한국의 북한 개성공단을 폐쇄해 줄 것을 주문하였고, 한국은 이를 폐쇄하는 결정을 하게 된다. 그날 한국의 통일부는 "개성공단의 북한 근로자들에게 지불되는 임금의 70%가 북한의 핵무기, 미사일 개발 등에 쓰이고 있다"고 말하고, 개성공단 폐쇄가 불가피함을 설명한 바 있다. 위의 <표 4-3>을 보면 2015년에 27억 달러에 도달했던 남북한 교역이 2016년 2월 개성공단의 폐쇄의 결과 3억 달러로 감소했다는 사실이 남북교역에서 개성공단이 차지했던 비중이 얼마나 컸던가를 보여주고 있다고 하겠다.

유엔안보리 결의 2270호는 북한이 2016년 1월 6일 핵실험과 2월 7일 광명성-4호 미사일을 시험한 후에 유엔안보리에서 만장일치로 대북한 제재를 결의한 것이다. 그 내용을 보면 북한으로 들어가거나 북한에서 나오는 모든 선적화물의 검색을 포함하여 북한과의 모든 무기 거래 금지, 북한의 사치품 수입에 대한 추가적 제재, 불법활동으로 의심되는 북한 외교관의 추방이 포함되었다. 또한 북한산 금, 티타늄, 바나듐, 희토류의 수입이 금지되고 민생목적을 제외한 북한산 무연탄 및 철광석의 수입도 금지되었다. 이 2270호 결의는 매우 중요한 의미를 가지고 있는데, 중국이 처음으로 북한에 대해 원유를 제공함에 있어서 군사용으로 사용될 수 있는 원유의 대북한 제공을 제한하겠다고 유엔안보리에서 약속한 점이다. 여기서 중국이 무엇

때문에 2270호에서 적어도 군사용 원유를 제한하겠다고 했는지, 필자가 기고한 중국계 신문을 통해 설명하기로 한다.

서양 의학 대 중국 의학, 어느 것이 환자치료에 더 효과적인가?

대북한 경제제재에 대한 중국의 태도는 늘 수동적이고 북한을 끼고 도는 자세를 보였다. 필자는 2015년 8월부터 2016년 2월 까지 중국 상하이 푸단대학에서 방문학자로 있으면서, 많은 중국 학자 및 전문가들과 대화를 했다. 그중에서 재미있는 일화를 소개하고자 한다.

중국의 학자 및 전문가들은 병을 치료하는 방법은 환부를 직접 손을 대어 외과수술을 중시하는 미국의 서양의학적 방법과 몸에 보약을 주면서 기운을 돋우어 병을 간접적으로 치료하는 중국 의학적 방법이 있는데, 중국 의학적 방법이 더 좋다는 믿음을 가지고 있다. 그래서 북핵 문제를 해결하려면 북핵을 직접 다루거나 김정은을 도려내는 서양 의학적 방법은 안 되고 북한의 체제를 보장하고 북한의 회생을 경제적으로 도와주면서 오로지 대화를 통한 북한비핵화를 추구하는 중국 의학적 해결 방법이 더 효과적이라고 주장해 왔다. 북한이 4차 핵실험까지 한 2016년 1월 말에도 중국의 저명한 학자들과 전문가들은 예와 다름없이, 북한을 비핵화시키는 방법은 6자회담을 재개하고, 2005년 9.19 공동성명의 정신으로 돌아가는 길 밖에 없다고 주장했다.

이에 대해 필자는 중국의 신문에 중국의 접근방법은 비핵화를 영원히 달성할 수 없는 하책이라고 비판한 적이 있다. 그 원문을 여기에 번역하여 소개한다.

북한의 핵무기와 미사일 시험을 저지하기 위해서 6자회담의 미국, 중국, 한국, 일본, 러시아와 국제사회가 온갖 노력을 해왔지만 실패했다. 중국사람들은 북핵저지 노력이 실패하고 이렇게 북핵문제가 엄중해진 이유를 미국 탓으로 돌리고 있다. 오바마 미국행정부의 전략적 인내 정책의 실패가 이런 사태를 초래했다고 주장한다. 그러나 이러한 설명 논리는 타당성이 전혀 결여되어 있다.

북한의 핵무기 개발 정책은 냉전이 끝나는 시기에 김일성이 북한 안보를 위해 결정한 것이며, 김정일이 선군정치 하에 북미 제네바합의 이행시기에도 비밀리에 핵개발을 계속했으며, 김정은 시대에 와서는 김씨 왕조의 체제보호와 독재정권의 영구집권을 위해 핵무기개발을 계속해 왔기 때문이다. 6자회담에서 9.19, 2.13, 10.3 합의에도 불구하고 북한은 핵개발을 계속했다. 북한이 주장하는 미국의 적대시 정책 때문이라는 것은 변명에 불과하다.

북한 핵문제를 해결하는 방법을 둘러싸고 중국에서는 중국 의학적 방법이 가장 효과적이라고 주장해 왔다. 미국의 북한핵문제를 직접 외과수술적 서양 의학적 방식으로 해결하려는 것은 비효과적이라고 비판하면서.

그러나 북핵문제는 2006년 북한의 제1차 핵실험 이후 2016년 1월까지 제4차 핵실험을 거치면서 더욱 악화되었다. 북핵문제를 사람에 비유하자면 제4기에 해당하는 암환자가 된 것과 마찬가지다. 그러면 제4기 암환자를 치료하는데에, 중의가 더 좋고 양의가 안 좋다는 말은 성립이 안 된다. 특히 북한이 핵실험도 하지 않았던 2005년 9.19 공동성명으로 돌아가자는 말은 제4기 암환자에게 암이 발견되지 않았던 시기의 의사의 처방으로 돌아가자는 말과 비슷해서 9.19 공동성명은 아무런 효과도 없다.

지금 암 4기 환자를 치료하는 방법은 양의든 중의든 관계없이 각국의 최고의 의사전문가를 다 초청하여 모든 지혜와 수단을 총동원하여 종합적인 진단과 처방을 하는 일이 필요한 것이다.

한편으로는 북한이 지속적으로 핵무기와 미사일 시험발사를 하고 있는 것에 대해 유엔안보리와 국제사회가 북한에 대해 경제제재를 시행하고 있다. 그러나 중국은 대북한 제재에 대해 반대하고 있다. 그 이유는 경제제재가 효과가 없다는 것이다. 첫째, 제재는 북한을 코너로 몰아서 오히려 핵무장을 더 부추긴다는 것이다. 둘째, 북한 인민의 생활을 더 궁핍하게 만들어서 결국 북한 정권이 붕괴하게 되는 결과를 가져오게 되어 더 큰 혼란이 일어난다는 것이다.

정말 북한에 대한 경제제재가 효과가 없는 것일까? 결론부터 말하자면, 국제사회의 대북한 제재가 효과가 미약했던 것은 중국이 대북제재의 예외라고 주장하며, 매년 50만 톤 이상의 대북 원유제공과 100만 톤에 달하는 식량지원, 그리고 북한과 무역을 해서 북한의 경제에 도움을 줌으로써 외부의 대북한 경제제재의 효과를 반감시키는 즉, 외부의 경제제재에 큰 구멍을 내어 왔기 때문이다. 중국속담에 이런 말이 있지 않은가? "竹籃打水一场空밑 빠진 독에 물 붓기" 중국이 유엔안보리와 국제사회의 대북제재의 도가니에 밑구멍을 뚫어 놓았기 때문에, 경제제재가 효과가 없는 것 아닌가? 북한이 핵실험을 몇 번이나 해도 중국이 원유, 식량, 무역 등 지원을 해주기 때문에 김정일이나 김정은은 외부의 제재 걱정 없이 계속해서 핵무기와 미사일 개발을 할 수 있었던 것이다.

북한이 외부의 원유와 중유제공에 큰 기대를 걸고 있는 예를 들어 보겠다. 1994년 10월 북미 제네바합의 이후 미국이 매년 50만 톤의 중유를 북한에 제공했는데, 북한은 이것을 좀 더 일찍, 더 많이 받고자 그토록 미국에 매달리던 때가 있었다. 지금 중국이 북한에 제공하는 원유 50만톤은 사실상 북한 경제의 생명줄과 같은 것이다.

중국인들은 "한국이 왜 1970년대에 핵무기를 만들고자 했으나 곧 포기해야 했는지"에 대해서 알 필요가 있다. 미국이 국제핵비확산체제의 리더로서 "한국이 핵개발 하면, 한미동맹 중단 및 원자력발전소 건설 지원 중단을 하겠다"는 압박을 가함으로써 한국의 핵개발을 막았다. 다시 말해서, 동맹 약소국의 핵개발을 막기 위해서는 동맹 강대국의 역할이 중요하다는 것이다. 중국이 1970년대에 미중수교를 하면서 대만의 핵개발을 막도록 미국에 부탁하지 않는가? 미국은 대만에 대해 최대한 압박을 가함으로써 대만이 개발했던 고농축우라늄 80kg을 미국으로 갖고 갔으며, 대만의 핵개발을 미국이 막았던 것이다.

만약 중국이 북한의 비핵화를 원하면, G2 및 유엔안보리 상임이사국으로서 책임있는 행동으로써 이를 보여주어야 할 때이다. 미국이 한국과 대만, 일본에 가한 효과적인 압박처럼 중국이 북한에 대해 비핵화를 선택하도록 경제와 외교 면에서 북한에게 큰 압박을 가해야 한다. 중국의 정부는 인민을 위한 정부인데, 북한의 계속되는 핵실험으로 인해 중국의 동북 3성 인민들이 지진, 환경, 방사능 피해를 입고 있는데, 왜 중국은 북한에게 경제제재를 철저하게 하지 않은가? 이제 중국은 국제사회의 비핵화라는 대승적 의의를 위해서 북한이라는 형제국을 보호하는 소승적인 감정을 포기해야 할 때가 되었지 않았는가?

(韩庸燮：朝鲜核问题的中国关键, 联合早报《时事透视》2016年 02月 19日
http://www.zaobao.com/forum/views/opinion/story20160219-583215)

为了阻止朝鲜核武器与导弹试验, 尝试了许多方法都不见成效, 目前有言 论表示, 关于朝鲜核武器与导弹问题已经无法解决。尽管如此, 中国方面则普 遍认为, 朝鲜核问题发展到如此严重的地步, 是由于美国对朝鲜实施敌对政策, 和奥巴马政府战略性忍耐政策的失败所造成的。但是, 随着朝鲜持续进行的核 武器开发和导弹试验, 这种说法存在不妥。

朝鲜核武器开发政策最初是在后冷战时期前后, 朝俄关系恶化, 金日成、金正日利用开发核武器, 来保障朝鲜的安全而制定的政策。1990 年代中期, 朝 鲜一边假装履行朝美日内瓦协议, 一边秘密地与巴基斯坦展开核武器合作, 引 进了铀浓缩设施, 核武器开发能力不断增长。此外, 朝鲜违反了与韩国制定的 韩半岛无核化宣言、与美国的朝美日内瓦协议、六方会谈的 9.19 共同声明、2.13 协议、10.3 宣言等, 继续进行核试验。其战略司令部甚至进行核政策演习和 威胁手段。这一系列政策也证明了, 相比于提高朝鲜人民的生活水平, 朝鲜更 加重视先军政治、掌握核武器, 来强化政权。因此, 朝鲜开发核武器是金正日、金正恩为了强化自己的政权而实施的政策, 美国对朝敌对政策只是借口。

关于朝鲜核问题, 中国主张不应该只关注单一点, 应该从朝鲜整体着手来 找出解决事态的方法。不仅如此, 中国方面认为应该按照中国的方式一中医 式的注重整体性的方式来摸索解决方法, 美国只关注朝鲜核问题的西医式方法 是行不通的。

但是, 从 2006 年第一次试验到 2016 年第四次试验的这段时间, 朝鲜核武 器问题不断恶化, 似乎已经进入癌症晚期。面对这一严重的态势, 只认为中医 有效, 西医有问题是行不通的。应该把中西医结合起来, 综合诊断目前严重的 态势, 找出新的划时代的解决办法。

因此除了朝鲜, 美国、中国、韩国、日本、俄罗斯五国的政府和最优秀的 专家应该聚集起来, 对目前朝鲜核问题进行分析, 商讨用何种新的战略来解决 这一问题。

一方面, 关于朝鲜持续的核武器和导弹试验问题, 以联合国安理会为中心 的国际社会, 选择对朝鲜进行经济制裁来应对。但是, 中国则举出两个理由来 坚定反对这一制裁。第一, 经济制裁如果没有效果的话, 反而会把朝鲜逼到角 落, 更加大力开

发核武器。第二，经济制裁如果可行，朝鲜人民的生活会更加 恶化，比起政权，对于朝鲜人民的伤害更大，也就会带来政权崩溃的后果。

对朝进行经济制裁真的没有效果吗？从结论说起的话，国际社会主张经济 制裁的期间，只有中国例外，每年向朝鲜提供 50 万桶原油和粮食支援，导致了 国际社会对朝经济制裁的效果减半，或者完全不起作用的后果。中国俗语有云"竹篮打水一场空"，中国对朝的持续支援，会给国际社会对朝制裁带来更大的

窟窿。所以，朝鲜政府由于在中国政府原油和粮食的援助下，无法意识到去改 变之前的行动。

对于朝鲜来说，原油 50 万桶所起的效果是相当惊人的。例如，1994 年 10 月，当时为了履行朝美日内瓦协议而制定了附属协议书，美国的谈判专家访问 了朝鲜，关于重油提供问题进行了协商。原来根据日内瓦协议的话，美国第一 年向朝鲜提供重油 5 万桶，第二年开始每年增加数量，最终约定提供 50 万桶。

此外，还需向中国告知第二件事情。1974 年，当时韩国朴正熙政府曾经秘 密想要开发核武器。美国知道此事，1975 年向韩国中止了所有援助，用美元结 算的方式来强硬压制韩国对外贸易，逼迫朴正熙在开发核武器和经济发展两者 之间进行选择。所以，朴正熙政府放弃了核武器开发，加入了国际核不扩散条 约。美国为了强化国际核不扩散体制，是阻止韩国、日本、中国台湾地区的核 开发的牵头人。

如果中国真的希望韩半岛无核化的话，用行动证明的时候来了。就像当时 美国对待韩国那样，中国也应该让朝鲜在核武器开发和经济援助之间进行选择。特别是对于中国东北三省的人民而言，朝鲜核武器开发和导弹实验会带来地震 伤害、核辐射伤害、环境污染等问题，如果不阻止的话，损害只增不减。只要 中国调整对朝的方式，就会成为促进朝鲜政府行为转变的最有效方式。中国应 该为了国际无核化的大义，抛弃保护传统友邦国朝鲜的个人感情。

(作者是上海复旦大学的韩国访问学者)

이때 중국은 북한의 핵·미사일 제조에 사용될 수 있는 40여개 품목과 기술을 대북 수출 금지 목록에 추가했다. 유엔 안전보장이사회의 대북 제재 결의 2270호가 나온 직후인 4월에 철광석·석탄·항공유 등 25개 품목을 대북 교역 금지 목록에 올린 지 두 달 만에 금수물품을 또 추가한 것이다. 제재 이행에 반 년 넘게 뜸을 들였던 2013년 3차 북 핵실험 때보다 중국은 3개월 징도 빨리 국제제재에 동참하였다. 미국 국무부는 즉각 환영 입장을 밝혔다. "우리는 중국이 안보리 역사상 가장 강력한 대북 제재에 합의한 것을 환영했고, 중국

정부는 결의안을 이행할 것임을 분명히 밝혀왔다"며 "중국의 이번 조치는 그런 약속을 이행하기 위한 발걸음"이라고 했다. 북한의 고위인사가 중국을 방문하여 제재조치를 완화시켜 줄 것을 주문했으나 거부한 것으로 전해졌다.

2016년 4월에는 유엔 안보리 산하 1718 대북제재위원회가 대량살상무기 개발로 전용 가능한 물질 및 기술을 추가로 대북 교역 금지 대상으로 지정했다. 2016년 9월 9일 북한은 또다시 제5차 핵실험을 거행하였다.

유엔안보리에서는 대북제재결의 2321호2016.11.30.를 통과시켰다. 여기에서는 북한산 무연탄 수입에 대한 쿼터가 도입되었는데 4억 달러 혹은 750만 톤이 상한선으로 설정되었다. 그리고 북한산 은, 동, 니켈, 아연의 수입을 금지시켰다. 북한이 주로 아프리카와 중동에 수출하고 있던 대형 인물 조각상 건설 사업을 금지시켰다.

한 해를 넘겨서 2017년 7월 28일 북한은 화성-12호 미사일 시험발사를 하였다. 유엔안보리에서는 대북제재결의 2371호2017.8.5.를 통과시켰다. 여기에서는 북한산 무연탄, 철 및 철광석, 납 및 납광석, 수산물 수출을 전면 금지시켰다. 안보리결의 2321호에서 정했던 북한산 무연탄 수출의 쿼터가 완전히 없어지고 아예 수출을 금지한 것이다. 북한 근로자의 해외 송출이 동결되었고, 대북 투자 역시 동결되었다. 2371호는 과거와는 판이한 대북 제재효과를 낼 것으로 기대되었다. 왜냐하면 원유 외의 거의 모든 품목이 금수조치 된 것이기 때문이다.

2371호에 대한 북한의 반응은 그전과 별 다름없다. 북한 당국은 8.7일자 정부성명에서 "유엔안보리 결의는 반공화국反共和國 결의로서 자주권에 대한 난폭한 침해로 강력히 규탄하며, 북한은 핵무력 강화의 길에서 한 치도 물러서지 않을 것"이라고 하면서, 경제핵 병진노선을 계속 견지할 것임을 밝힌 바 있다.

북한이 2017년 9월 3일 제6차 핵실험을 하고 수소탄 실험에 성공했다고 밝힌 뒤에 유엔안보리에서는 대북제재 결의 2375호2017.9.11.를 의결하였다. 2375호에 따르면, 북한에 대한 외국의 원유수출을 연간 4백만 배럴약 56만 톤으로 제한하고, 정유제품의 수출도 200만 배럴로 제한했다. 이것은 사실상 외부에서 북한으로의 원유 유입을 30% 삭감하는 것과 같은 것이라고 한다. 유엔회원국은 북한산 섬유제품임가공 포함을 수입하지 못하도록 되었고 북한은 동 제품의 수출을 금지 당했다. 북한 근로자의 해외 신규 취업이 금지되고, 북한과의 합작투자도 금지되었다. 다만 북중 합작 압록강 수력발전소와 나진－하산 북러 철도 항만 프로젝트를 통한 러시아산 석탄의 환적사업은 예외로 두었다. 이로 인해 중국과 북한 간의 무역은 대폭 줄어들고 있으나, 러시아의 대북한 원유 제공 등은 조금씩 증가하고 있다고 한다.

2375호의 엄격한 대북 제재에도 불구하고, 북한은 2017년 11월 29일 화성－15호 대륙간탄도탄을 시험발사 하였다. 유엔안보리는 즉각 회의를 소집하여 유엔안보리 결의 2397호2017.12.22.를 만장일치로 통과시켰다. 여기에 따르면 유엔회원국은 북한에 대한 정유제품 공급량을 연간 200만 배럴에서 50만 배럴로 줄인다. 2375호와 2397호를 합산하면, 북한에 대한 정유제품의 공급을 90% 정도 차단시키는 것이다. 원유공급의 상한선을 연간 400만 배럴로 설정하여 현행 대북 원유공급 수준으로 동결하였다. 미국은 유엔안보리에서 중국에게 대북한 원유공급을 완전히 중단시켜 줄 것을 요구했으나, 중국이 미국을 설득하여 현 수준에 동결시킨 것이라고 한다.

또한 북한의 노동자들을 고용하고 있는 국가들은 24개월 이내에 이들을 전부 송환시키도록 하였다. 그밖에 산업기계, 운송수단, 철강 등 각종 금속류의 대북 수출을 차단하고, 북한의 수출금지 품목을 식용품, 농산품, 기계류, 전자기기, 토석류, 목재류, 선박 등으로 확대하며, 기존 수산물 수출 금지와 관련해 조업권 거래금지를 명문화하고, 해상차단 강화조치로서 제재사항을 위반한 것으로 의심되는 선박의 차단과 억류를 의무화하는 내용이 포함되어 있다.

미국은 유엔안보리의 대북제재 조치가 실효를 거두지 못한다고 판단하고, 미국이 자체적으로 세컨더리보이콧secondary boycott: 제3자 제재을 적용하기로 결정했다. 이것은 오바마 행정부 말기부터 거론되어 왔으나, 적용되지 않다가 트럼프 미국 대통령이 북한에 대한 최대압박의 일환으로 채택한 것이다. 미국 상원의 은행주택도시위원회가 2017년 11월 7일 북한의 국제 금융시장에의 접근을 전면 차단하는 내용의 대북 금융제재법, 이른바 '오토웜비어Otto Warmbier 법'을 만장일치로 통과시켰다. 오토웜비어법은 미국 대통령의 행정명령, 유엔 안전보장이사회의 제재 대상에게 금융 서비스를 제공할 경우 미국 내 자산을 동결하고 모든 계좌 개설을 금지한다는 내용이 포함되어 있다. 즉, 북한에 조력하는 금융기관에 대해 미국 금융시스템 접근을 전면 차단하는 내용을 담은 것이다. 특히 대통령이 제재를 종료 또는 중단하고자 할 경우 의회에 보고하도록 하는 등 행정부의 대북 제재에 대한 의회의 감독 권한을 한층 강화했다.

세컨더리보이콧의 사례로는, 미국이 2010년 6월 이란의 원유를 수입하는 제3국에 대해 미국 내 파트너와 거래하지 못하도록 하는 내용의 '이란 제재법'을 통과시킨 것에서 찾아 볼 수 있다. 이 법의 시행 이후에 이란은 원유 수출이 절반으로 급감하면서 경제난에 시달렸고, 결국 2015년 미국 등과의 핵협상을 타결하게 되는 것이다. 트럼프 미국 행정부가 북한과 거래하는 모든 제3국의 기업과 개인을 제재하는 이란식 세컨더리 보이콧제3자 제재을 핵심으로 하는 새로운 대북 독자제재안을 시행한다고 말했는데, 오토웜비어 법이 이에 해당한다.

"제재 무용론" 대 "제재 유용론"의 논쟁

북한에 대한 유엔안보리의 제재가 효과가 있는가 혹은 없는가에 대해 그동안 많은 논란이 있었다. 두 개의 대표적 주장은 "대북 제재 무용론"과 "대북 제재 유용론"이다. 제재무용론은 북한 당국을 포함한 많은 외부 전문가들이 북한은 수십 년 간 미국을 비롯한 국제사회의 제재 속에서 살아 왔기 때문에 외부에서 아무리 제재를 해도 그것을 피해서 살아갈 수 있는 노하우를 가지고 있다는 것이다. 또한, 북한이 폐쇄적 경제체제를 갖고 있고 북한경제의 외부 의존도가 너무 낮기 때문에, 국제사회가 제재를 해도 북한의 경제나 정치에 미치는 영향은 무시할 수 있을 정도로 작다는 것이다. 따라서 북한의 핵과 미사일 실험 후에 유엔안보리가 대북한 제재를 해도 북한 지도자의 핵과 미사일 개발 정책 결정과 집행 행위에는 아무런 영향을 미치지 못할 것이라고 주장한다. 대북제재의 경제적 효과는 위의 <표 4-1>, <표 4-2>, <표 4-3>에서 본 바와 같이 2016년까지는 별로 큰 효과가 없었다고 할 수 있으며, 제재무용론자들은 이러한 사실에 근거하여 그들의 주장을 펼쳐 왔던 것이다.

반면에 제재유용론은 북한에 대한 제재가 효과가 있다고 주장한다. 지금까지 북한에 대한 제재가 효과가 없거나 미약했던 것은 중국이 북한에 대해서 제재에 미온적이었고, 참여도가 크지 않았다는 것이 제일 큰 원인이 있었던 것이다. 러시아가 2014년 미러관계 악화 이후에 북한에 대한 비밀 무역을 증가시킨 것도 하나의 원인이 되고 있다. 또한 북한이 제재를 피하기 위해 밀무역을 하고 있으며,

외국으로의 인력 송출 등을 비밀리에 하고 있기 때문에 이러한 외화수입을 통해 제재의 효과가 적었다고 생각한다. 따라서 북한의 대외무역 중 90%를 차지하고 있는 중국이 유엔 제재에 적극적으로 참여하게 되면, 북한에 대한 제재 효과가 커질 것으로 예상하였다. 미국의 트럼프 행정부가 2017년 1월부터 중국에 대해 북한에 대한 경제제재의 수위를 높이고 대폭 증가시켜 줄 것을 주문했고, 북한이 미국을 향해 수소탄과 대륙간탄도탄 실험을 하는 긴장고조행위에 대해서 유엔이 대북제재를 강화하고 중국이 적극 참여한 결과 대북제재의 효과가 상승하고 있다고 보여진다.

그러므로 2017년부터 연속적으로 강도를 높인 2371호, 2375호, 2397호의 경제제재와 외교제재로 인해 북한의 경제는 크게 위축될 것으로 예상된다.

경제학자들의 말을 빌면 매년 북한의 외화수입 20~30억 달러가 감소하고, 개성공단 폐쇄 이후 남북한 간 교역도 중단되어 여기서 오는 외화수입 20억 달러를 합계하면 북한은 매년 30~40억 달러의 외화수입이 감소될 것으로 예상된다. 그러면 북한의 총 외환보유고가 150억 달러 정도였다고 가정하면, 향후 3~5년 사이에 북한의 외환보유고는 증발될 것으로 예상되기도 한다. 물론 이것은 북한의 불법 교역이나 외국으로 외화벌이를 하러 간 불법 노동자들의 수입을 계상하지 않은 경우이다. 그러나 대북제재가 강화되면서 북한의 불법교역이나 외국으로의 돈벌이도 더욱 어려워지게 될 것이다.

사실상 중국으로 하여금 대북한 제재조치를 이전보다 더욱 강하게 나오도록 만든 것은 2017년 취임한 미국의 트럼프 대통령이다. 그는 중국의 대북한 제재조치가 너무 약해서 북핵문제를 더 심각하게 만들었다고 판단하였다. 그리고 역대 미국 행정부들이 북한에 대해 강력한 압박과 제재를 하지 않았기 때문에 북한의 핵문제가 과거

25년 동안 악화되어 왔다고 비판했다. 그래서 중국이 대북 제재에 확실하게 나오지 않을 경우에 중국에 대한 경제보복도 불사한다거나, 북한에 대해 직접 군사제재를 가할 수 있음을 시사하기도 하면서 중국을 압박하였다. 북한이 계속 강도 높은 도발을 하기도 했지만, 미국의 대중국 압박과 설득이 주효하여 중국이 이전과는 판이하게 다른 태도로 북한에 대해 제재 강도를 높이기 시작했다. 또한 미국은 이전의 행정부와 완전히 다른 최대 압박과 군사옵션의 사용가능성을 계속 행사했다. 북한의 핵과 미사일 개발에 대해서 최대 압박과 관여정책을 시행한다고 공표하고, 한국과 일본에 대해 미국의 편에 서도록 설득하는 한편, 세계를 향해 미국의 최대 압박과 관여정책이 정당한 것임을 반복하여 강조하였다. 물론 북한의 반발은 더욱 거세어졌다.

한편 트럼프 미국 행정부는 유엔제재의 효과를 높이기 위해서 다방면으로 조치를 강화하고 있다. 북한과 중국의 국경 부근에서 중국의 업자들과 북한의 업자들이 유엔제재의 감시망을 피해서 밀무역을 하는 것을 위성감시와 추적장치를 통해 일일이 북한의 밀수선들이 동해상과 서해상에서, 동중국해와 남중국해 근처에서, 중국의 선박으로 의심되는 선박들과 밀거래를 하고 있는 장면을 위성 촬영하여 의심선박을 위치추적하고 있으며, 중국정부에게 강력히 항의하고 있다. 또한 의심되는 관련국가들의 선박에 대해서도 위치추적과 필요한 행정조치를 강화하고 있다.

트럼프 행정부의 북한에 대한 최대 압박과 관여 전략은 미국의 북한 비핵화 목표를 명확하게 했으며 이 목표를 달성하기 위한 전략을 더욱 구체화시켰다. 그리고 이와 함께 미국이 대북한 군사옵션을 사용할 수 있는 가능성을 자주 내비침으로써 북한의 움직임을 봉쇄하는 역할을 했고, 북한이 대화를 통한 비핵화를 추구하든지, 아니면

옥쇄당해서 체제가 붕괴되든지 두 개 중에 하나를 선택하라는 최후 통첩 같은 역할을 하였다. 미국의 협박에 대해 김정은은 핵실험과 미사일 시험, 핵무기를 탑재할 수 있는 대륙간탄도탄 실험과 미군기지에 대한 공격 같은 협박으로 맞서 왔으나, 미국이 군사옵션 사용을 진지하게 검토하고 있다고 시사하고, 한반도 지역에 미군이 전략자산을 자주 전개하자 김정은은 비핵화냐 핵무기개발 계속이냐의 전략적 선택의 기로에 놓여 있는 것으로 보여진다.

한 때, 미국이 북한에 대한 군사적 옵션의 사용 필요성이 있다고 제안하고, 유엔헌장 제42조의 군사제재 조항을 인용하여 유엔안보리에서 회원국들을 설득한 바 있으나, 중국과 러시아가 유엔의 경제적, 외교적 제재조치로도 충분하다고 주장하면서 미국의 군사 옵션 사용 주장에 대해 반대하는 입장을 표명한 바 있다. 그래서 미국이 북한에 대해서 예방공격 혹은 선제공격을 가하는 군사옵션의 사용 협박은 미국 자체 내에 머물고 있는 실정이다. 하지만 만약 북한이 앞으로 미국의 EEZ 이내에 대륙간탄도탄을 발사하여 탄착시키거나 미국의 해외주둔기지에 중거리미사일을 발사하여 미국을 협박한다면, 미국은 자위권 보호 차원에서 군사적 옵션을 합법적으로 발동할 수 있을 것이다.

대북 경제제재의 종합적 평가와 전망

대외경제정책연구원의 임수호 박사와 국방대학교의 신용도 교수는 "유엔안보리 결의 2321호, 2371호, 2375호, 2397호가 성실하게 이행될 경우, 북한은 매년 약 20억 달러의 외화 수입 감소를 겪게 될 것이다"고 예상하고 있다. 2018년부터는 강화된 경제제재의 결과 매년 10억 달러 정도의 외화수지 적자도 예상된다고 한다. 2017년 이전에는 대다수의 중국의 학자들도 북한에 대한 제재효과가 거의 없다고 주장해 왔으나, 2017년 이래 중국의 많은 학자들이 "북한에 대한 경제제재의 효과가 향후 3~5년 이내에 크게 나타날 것이다"라고 하였다. 그러므로 북한이 진정성있는 비핵화로 나올 때까지, 대북한 경제제재는 지속되어야 한다는 것이 국제사회의 중론이 되고 있다.

제재를 강화시키는 목적이 무엇인가? 국제사회가 단결하여 북한에 대해 제재를 완벽하게 시행하게 되면, 민생 경제를 희생하여 핵과 미사일 개발에 올인하고 있는 김정은 정권이 외부로부터 핵포기 압력과 함께 경제제재를 받게 되면, 결국 핵무기를 보유한 가운데 경제 파탄 및 체제붕괴의 위기에 도달할 것이냐, 아니면 핵무기를 폐기하고 외부로부터 경제지원을 받는 가운데 경제회생과 정권안정의 길을 택할 것이냐의 전략적 선택의 기로에 놓이게 된다는 것이다. 만약 북한이 제재를 면하기 위해 비핵화 협상에 나온다면, 북한에 대한 경제제재의 해제 자체가 북한에 대한 인센티브가 될 것이고, 북한이 핵을 폐기하게 된다면 북한에 대한 안전보장과 북미 수교, 북일 수교, 대북한 경제지원 등을 획득할 수 있게 될 것이라는 것이다.

북한에 대한 경제제재의 결과, 김정은 정권은 정권에 충성스런 지배엘리트 계층에게 줄 돈과 선물을 구매할 수 없게 되고 있다. 혹자는 북한의 장마당과 돈주의 증가가 제재효과를 반감시킬 수 있다고 주장하기도 한다. 그러나 논리적 근거가 빈약하다. 또한 미국 정부가 취한 세컨더리보이콧의 결과 북한은 외화수입이 막히게 되었다. 그 결과 유엔안보리의 제재위원회의 감시망과 미국의 감시망을 피해 농산품과 수산물을 중국에 판매하고자 하는 움직임이 증가되고 있는 것으로 나타난다. 그러나 이것도 미국의 우주 위성 감시의 결과, 궁극적으로 중국의 업체들에게 제약이 가해짐으로써 북한의 농산품과 수산물 불법 수출은 더욱 어렵게 되어 가고 있다.

한편, 북한에 대한 국제사회의 제재강도가 높아지고, 트럼프 행정부가 최대 압박과 제재를 위한 국제공조를 강화시켜 나가자, 북한은 제재강도를 약화시키고 제재의 국제연대를 파괴시키기 위해 2018년 들어서 평창올림픽을 계기로 한국정부와의 관계 개선에 나서기 시작했다. 그결과 2018년 4월 27일 남북한 정상회담, 2018년 5월 안으로 미북 정상회담을 개최하기에 이르렀다.

그러나 유엔안보리에서 결정한 대북한 경제제재, 유엔 회원국들이 개별적으로 결정한 대북한 외교제재, 그리고 미국이 독자적으로 추진하고 있는 세컨더리보이콧 및 군사제재 옵션 등이 북한의 핵개발과 미사일 시험발사를 막지는 못하고 있다는 것은 사실이다. 북한이 핵과 미사일로 미국과 국제사회에 큰 도전을 던지면 미국과 유엔안보리에서 북한에 대해 점차 제재를 강화하는 조치를 취해 온 것은 북한의 핵과 미사일을 막는데에 제재가 수동적이며 사후약방문식 대처라는 것을 알 수 있다. 그러나 북한이 핵폐기라는 전략적 결단을 할 때까지 북한에 대한 제재는 지속될 전망이다. 만약 북한이 핵과 미사일 분야에서 또다시 도발을 감행한다면, 중국과 러시아는 완전한 대북제재에 동참해 달라고 하는 압박에 직면하게 될 것이다.

하지만 압박과 제재만으로는 북한을 핵폐기 결단으로 유도할 수가 없다는 것이 한계사항이다. 그래서 미국을 비롯한 국제사회와 북한 간에 대화를 통한 고도의 정치적 및 외교적 타협을 추진해야 한다는 요구가 증가하고 있는 것이다. 따라서 현재의 대북 제재는 지속되는 한편, 북한을 핵폐기로 유도할 수 있는 정치적·외교적 대화를 동시에 추진하는 것이 바람직하다.

05

결론:
북한의 검증가능한 핵폐기를 향하여

"The Fate of Nuclear Weapons in North Korea"

05.
결론:
북한의 검증가능한 핵폐기를 향하여

　북한 김정은 정권은 핵무력의 완성을 선언하고, 미국을 향해 "핵무기 공격용 버튼이 본인의 책상 위에 있다"고 하면서, 미국에 대한 핵무기 공격 협박을 서슴지 않았다. 북한의 핵과 미사일 개발은 김일성 – 김정일 – 김정은 3대에 걸쳐 모든 것을 희생하고 성취한 결과이다. 이제 북한은 김정일 시대에 미국의 대북한 적대시 정책으로부터 자위권 차원의 핵억제를 위해 핵무기를 개발했다는 방어용 무기로서의 핵무기를 벗어나, 미국 본토와 아태지역의 미군 기지, 그리고 미국과의 동맹을 맺고 있는 한국과 일본을 공격·협박하는 공세적 핵무기가 되었다. 이러한 핵무장의 자신감을 가지고, 김정은은 미국이 만약 북한의 핵무기가 두려우면 남한을 떠나라고 강제와 강압을 행사하고 있다. 미국을 비롯한 국제사회의 핵비확산 요구는 팽개친 지 오래 되었고, 핵보유국이라는 자신감에 근거하여 미국과 한국을 이간시켜서, 북한의 핵무기는 남한을 보호해 주고 있으니, 한반도 평화를 원하거든 남한이 북한 편에 서서 미국과 대결해 줄 것을 강변하기도 하였다. 그리고 이를 구체적으로 과시하기 위해 2017년에 괌에 있는 미군기지 4곳을 타격목표로 삼아 공격하겠다고 엄포를 놓았으며, 남한을 타고 앉아 미국을 향하겠다는 협박을 수차례 하기도 했다.

한편 북한 내부의 선전선동에서 보듯이 김정은 정권은 한민족 전체를 김일성 민족으로 부르면서 아예 남한의 굴복을 원하고 있다. 이런 북한에 대해서 국제사회는 김정은을 미치광이a mad man로 치부하기도 했다.

그런데 2018년에 들어서서 김정은 위원장은 한국과 대화하겠다고 발표하고, 평창올림픽에 대표단을 파견하고, 김여정을 특사로 보내어 남북회담을 하고, 남한 특사단을 북한으로 초청하여 남북한 정상회담을 제의하였다. 그리고 북미 정상회담을 제의하는 서한을 한국 특사단을 통해 미국 트럼프 대통령에게 전달하였다. 이로써 4월 27일 남북한 정상회담, 5월에 북미 정상회담이 개최되기로 되었다. 이런 전광석화 같은 국면의 대전환이 이루어진 이유를 놓고 국제사회에서는 김정은의 본래 의도가 무엇인가에 대한 추측이 분분하다.

김정은이 이러한 국면전환을 시도하는 진정한 의도는 무엇일까?

김정은이 지금까지의 핵무기와 미사일 개발에 국력을 탕진해 온 ―과거의 모든 국제핵비확산 체제를 위반하고 무시한― 일탈 행동에 대해서 크게 회개하고, "돌아온 탕자returned prodigal son in the Bible"같이 이제 "핵없는 정상국가"로 돌아 올 것을 결심하고 한국과 미국에 정상회담을 제의하고 있는가? 미국과의 일전도 불사하겠다고 호언장담하다가, 트럼프로부터 진짜 크게 한 대 얻어맞을지도 모르는 절멸의 위기 앞에서, 일보 후퇴하면서 위기국면을 대화국면으로 전환시키고 협상을 통해 정치적, 안보적, 경제적 보상을 받고 핵무기와 미사실을 진정으로 폐기하려고 하는가? 혹은 북한이 2016년 7월 6일에 정부대변인 성명을 통해 밝힌 바와 같이, 한반도 비핵화를 위한 5대 조건(남한내 미국 핵무기 공개, 남한 내 미국핵무기와 기지철폐 및 검증 수용, 미국 핵타격 수단의 한반도 순환과시 금지 보장, 대북한 핵무기 사용 및 위협 금지 약속, 주한 미군 철수 선포 등(로동신문, 2016.7.7.)을 미국과 한국이 수용하면 북한이 "애매모호한 비핵화"라는 양보를 맞교환함으로써 현재의 위기를 진정시키려고만 하는가? 회담이 지속되는 동안 핵과 미사일의 실험과 시험을 중지한다는 약속은 지키면서, 국제사회의 대북한 경제제재를 완화시키고 미국을 제외한 다른 국가들로부터 경제지원을 추구하는가? 이 모든 것은 앞으로 차차 밝혀지게 될 것이지만, 남북한 정상회담과 북미 정상회담을 가지게 되면 일단 한반도에서 북핵문제를 둘러싸고 고조되었던 전쟁위기가 해소되는데 도움이 될 것은 분명해 보인다.

한편 미국의 트럼프 행정부는 20세기와 21세기에 걸쳐 소련 이외의 국가로부터 핵공격 협박을 직접 받은 최초의 경우를 맞고 있다. 핵단추 운운한 김정은 위원장에 대해 트럼프 대통령은 "미국은 북한이 가진 것보다 훨씬 강하고 큰 핵 버튼이 있다"고 하면서, "언제든지 이를 가동할 준비가 되어있다"고 하고, 미국이 북한에 대해 군사제재를 할 수 있음을 시사했다. 2017년부터 트럼프 행정부는 북한에 대해 최대압박과 관여정책을 구사해 왔으며, 실제로 북한에 대해 선제공격 혹은 예방공격을 할 수도 있음을 시사하기도 했다. 2018년 미국은 핵태세보고서Nuclear Posture Review를 출판하였는데, 여기에서 "북한은 향후 수개월 이내에 핵탄도미사일로 미국 본토를 타격할 능력을 갖출 것"이라고 예상하면서, "북한은 미국과 한국, 일본에 대해서 핵무기 사용을 명시적으로 위협한 바 있고, 대담한 도발을 감행할 수 있는 행동의 자유를 얻었다고 판단하고 있고, 오판에 의한 핵

선제 사용을 할 가능성이 있다"고 결론짓고 있다. 그래서 미국은 "만약 북한이 핵무기를 사용할 경우에 정권의 종말이 될 것"임을 북한에게 명확하게 경고하고, "북한의 정권, 핵심 군사시설 및 지휘통제시설을 타격할 수 있는 일련의 재래식 및 핵전력을 인근 지역에 계속 배치할 것"이고, "북한을 공격하기 위한 저강도·비전략적 핵무기를 개량하고 인근 지역에 배치할 것"임을 분명히 하고, "조기경보시스템과 타격능력을 이용함으로써 북한이 미사일을 발사하기 이전에 격추시킬 것"임을 밝히기도 했다. 북한이 미국에게 도전적인 의사와 행동을 할 경우에 미국은 이제 실제적인 군사행동을 취할 수 있음을 거듭 밝혔고, 펜타곤에서는 군사행동 옵션에 대해 작전회의를 하는 등 한반도에서 북미간에 일촉 즉발의 전쟁위기가 고조되고 있었다.

게다가 미국이 주도하여 대북한 경제제재와 압박을 최대한 고조시켰으며, 북한이 핵폐기로 나오지 않으면 군사옵션을 포함한 최대 압박을 견지하겠다고 수차례 천명하였다.

미국과 북한 간에 수차례의 말 폭탄과 협박이 서로 오고 간 뒤에, 김정은의 제의로 남북한 정상회담, 미북 정상회담이 개최되기에 이르고 있다. 여기서 우리는 어떻게 북한의 검증가능한 핵폐기에 이를 것인가에 대해 다시 한 번 고민하지 않을 수 없다.

앞으로 남북한 정상회담과 미북 정상회담이 어떻게 전개될 것인지 두 가지 시나리오를 예상해 볼 수 있다.

첫째 시나리오는 미국과 북한 간의 정상회담에서 김정은이 핵폐기라는 원칙을 수용하면서 북미 대결에서 한발 물러서는 것이다. 그러면 미국과 북한 간의 고위급 협상을 통해 북한의 검증가능한 핵폐기에 대한 포괄적이고 완전한 합의의 틀을 마련하고, 북한이 핵폐기를 이행하는 단계마다 검증을 실시하며, 북한은 핵을 폐기하는 대가로서 모든 경제제재의 해제, 각종 경제지원의 획득 및 북미와 북일 관계의 정상화를 포함한 안보보장의 약속을 확약받게 되는 것이다. 그럼으로써 북핵 위기와 북한의 핵문제는 해결되게 된다.

둘째 시나리오는 미북 정상회담과 남북한 정상회담을 개최하지만, 북한이 종전에 해 온 대로, 핵무기와 미사일은 실험과 시험발사 중단모라토리엄, 현재와 미래의 핵과 미사일 프로그램 동결 및 가동중단 등으로 임시적인 조치만 취하고 이미 개발한 핵무기와 미사일 및 과거 핵개발 프로그램과 핵물질 등은 애매모호한 상태로 핵능력을 유지하면서 위기를 봉합하려고 하는 경우이다. 이렇게 되면 북핵과 미사일 문제는 근본적으로 해결되지 않고 계속 남을 것인바, 트럼프 미국 행정부는 의회와 국제사회의 반대에 부딪쳐서 다시 북한에 대한 군사옵션의 행사를 검토하게 될 것이고, 북한은 "마이 웨이my way"를 외치며 대륙간탄도탄을 미국 본토에 가깝게 시험발사하는 경우가 발생할 수 있을 것인데, 미국과 북한 간에 모든 외교적 노력이 수포로 돌아가고 다시 전쟁위기가 고조되는 경우를 상정해 볼 수 있다.

한국과 미국을 비롯한 국제사회는 국제핵비확산조약이 등장한 지 50주년을 기념하는 2018년에 NPT를 유린하고 핵무장국으로 등장한 북한의 김정은 정권에 대해서 어떠한 형태로든 북한 비핵화를 끌어내어야만 한다는 결의에 차 있다. 한편 김정은은 핵무장국이 되었다는 자신감을 갖고 미국과 담판을 가짐으로써 핵과 미사일에 일부 제한을 가하더라도 북한에 대한 경제제재와 외교제재를 벗어나서 경제지원과 안보보장을 획득함으로써 김정은 정권이 미국과 상대하여 당당한 외교적 정치적 승리를 거두었다고 국내외에 자랑하면서 김정은 체제를 확고하게 만들기를 원하고 있다. 따라서 어떻게 하면 북한에게 적은 양보를 하면서, 북한 핵과 미사일의 검증가능한 완전한 폐기를 이끌어 낼 수 있을 것인가가 중요한 과제로 부상하고 있다.

이 책에서 과거의 북핵 협상의 실패를 극복하고, 억제와 제재만으로도 해결할 수 없는 북한핵과 미사일의 검증가능한 폐기verifiable dismantlement를 달성하기 위해 무엇을 해야 할 것인가에 대해 여러 가지 측면에서 검토를 해 보았다. 검증가능한 북한의 핵폐기를 달성하기 위해서는 앞으로의 대북한 협상과 북핵 문제 관리 과정에서 반드시 준수해야 하는 네 가지 사항을 제시하고자 한다.

1. 미─북 정상회담에서 북한 비핵화denuclearization라는 용어를 버리고, 검증가능한 핵폐기|verifiable nuclear dismantlement를 목표로 제시해야 한다.

검증가능한 핵폐기를 처음부터 목적으로 삼아야 하는 이유는 지금까지 있었던 북한 비핵화 합의에서는 북한이 비핵화라는 용어를 남발하면서 실제로는 남북한 비핵화공동선언, 북미 제네바합의, 6자회담의 3개 합의서에서 비핵화=동결=폐쇄·봉인=불능화=가동중단이라는 인식을 갖고 합의서에 반영하고자 했다. 그리고 합의서에 합의하자마자 북한의 국내 청중들에게는 이 모든 용어가 가동중단shut down을 의미한다고 설명해 왔다. 기존의 비핵화 합의는 북한의 핵프로그램과 핵능력과 미사일을 그대로 둔 채, 북한이 합의서의 정신을 위반하고 비밀리에 핵개발을 계속하는 빌미를 제공하였다. 기존의 핵합의는 북한의 핵능력과 프로그램을 폐기하고 검증하는 절차와 방식, 합의이행 후의 위반사항 처리방식에 대해서 전혀 합의된 바가 없었다. 지금 북한이 각종 핵무기를 20~30개 보유하고 있고, 수십 개의 핵무기를 만들 수 있는 분열성 핵물질을 보유하고 있는 현실을 감안할 때에, 다시 비핵화라는 매우 애매모호한 개념을 미─북정상회담의 목표로 삼아서는 전혀 북한을 비핵으로 이끌 수 없다는 점을 명심할 필요가 있다.

따라서 미북 정상회담의 합의문에 북한의 핵폐기 검증체제의 수립을 위해 양국이 노력한다고 하는 조항이 들어가야 한다. 물론 미북 정상회담에서 아주 구체적인 핵폐기 검증조항을 논의하거나 합의할 시간이 없을 것이다. 이후에 전개될 미북 고위급회담에서 수차례의 실무회담을 갖고 구체적이고 검증가능한 핵폐기 협정이 만들어져야 한다. 그러므로 미북 정상회담에서 북한을 핵무기 없는 국가로 만들기 위해서 검증가능한 핵폐기를 목표로 제시하고 양국 정상이 이 목표에 합의해야 한다. 이 검증가능한 핵폐기의 달성이 향후 미북 고위급 회담을 이끄는 목표가 되어야 한다.

미북 정상회담에서 가장 회피해야 할 사항은 아무 내용도 없는 과거의 반복사항으로서 북한의 비핵화에 합의했다고 하는 것이다. 비핵화 과정을 몇 가지 단계로 나누고 동결부터 시작하여 중간 단계를 거쳐 최종적인 핵폐기로 가는 단계적 접근법은 피해야 한다. 일단 동결에 합의하고, 사태의 전개를 보아가면서 어려운 핵폐기는 최종 단계에 가서 보자는 종래의 비핵화 합의를 모방한 단계적이고 임시 봉합적인 비핵화 합의를 해서는 안 된다. 애매모호한 비핵화에 합의하게 되면 단기간 내에 안보위기는 해소될지언정, 북한의 핵무기 개발은 비밀리에 지속될 것이기 때문에, 단계적인 접근법은 가장 회피해야 될 사항이라고 할 수 있다.

핵무기를 아직 만들지 않았던 이란의 핵문제를 해결하기 위해 시도되었던 이란핵협정을 모방해서는 안 될 것이다. 미북 회담에서는 미국과 구소련 간에 유럽에서 중거리 핵무기의 완전한 폐기를 달성했던 1987년의 중거리핵무기폐기협정 때처럼, 북한의 핵무기의 완전하고 검증 가능한 폐기를 반영하는 미북 협정이 체결되어야 한다.

물론 미북 간에는 비대칭 회담이 될 수밖에 없다. 북한의 검증가능한 핵폐기에 맞추어 미국도 핵무기를 폐기하는 핵군축회담이 아니기 때문이다. 미국은 북한이 요구하는 다른 인센티브, 즉 대북한 경제제재의 해제, 미－북한 국교수립, 기타 안전보장 사항 등을 제공하고, 북한은 핵무기를 완전히 폐기하는 대타협을 이루는 방식이 될 것이다.

2. 미국이 북한의 검증 가능한 핵폐기를 사찰할 검증기구의 주관자가 되어서 국제검증기구를 조직하고 운영하여야 한다.

미국이 주도하여, 국제적 검증주관기관을 설치하는 것이 필요하다. 남북한 간의 한반도 비핵화공동선언, 미북 제네바합의, 6자회담에서 9·19 공동성명과 2·13 합의 및 10·3 합의에서는 검증의 주관기관으로 IAEA의 사찰관에게 위임하였다. 하지만 IAEA의 사찰의 문제점은 여실히 증명되었다. 미국은 정책적 차원에서 북한과 협상하여 북미간 혹은 6자회담의 합의문을 만드는 협상의 주체였고, 그 합의문을 이행하는 사찰의 주체는 IAEA이었기 때문에, 북한이 미국과 IAEA를 각각 따로 다루면서, 합의의 이행과정에서 미국에게 불만이 있거나 IAEA의 사찰에 대해 불만이 있으면 가동중단하고 봉인했던 핵시설을 뜯고 핵활동을 재개하기 위해 IAEA 사찰관을 추방해 버림으로써 사태는 위기로 치달았다. 따라서 IAEA의 사찰의 문제점을 시정하고, 미국의 정책적 의지와 실제 사찰이 연계성을 갖게 하기 위해 검증주관기관을 확실하게 만들지 않으면 안 된다. 그래서 다음 핵협상에서는 미국이 반드시 검증의 주체가 되어야 한다. 또한 6자회담의 한국, 일본, 중국, 러시아와 함께 IAEA가 협력기관으로 참여하는 것이 바람직하다.

이란의 핵문제에 관한 합의서를 보면, 정책과 협상은 P5＋1과 이란이 참여한 고위공동위원회가 주관하고, 사찰은 IAEA에 전담시킨 것을 볼 수 있는데, 이러한 이분법적 역할 구조로는 핵실험을 6회나 실시하여 핵무기로 무장한 북한을 비핵화시키기에 결코 적합하지도 효과적이지도 않다. 그리고 그동안의 합의 이행과정을 보면 IAEA의 기술적 접근만으로는 문제가 풀릴 수 없었음을 실토하지 않을 수 없다. 왜냐하면 IAEA는 근본적으로 군사시설에 대한 접근이 제한되고, 북한의 거의 모든 핵무기 관련 시설은 군사시설로 운영되고 있기 때문에, 북한이 IAEA의 군사시설 접근을 금지하면 아무런 진전이 있을 수 없다. 또한 북한과 IAEA 간에 핵시설 신고와 사찰결과 간에 불일치를 놓고 분쟁이 발생했을 때에 또 다시 유엔안보리에 회부하여 그 불일치에 대한 해결방법을 결정해야 하고, 북한이 이때 이를 거부하면 또다시 모든 절차가 정지되거나 위기로 확대될 수 있기 때문이다. 그리고 그동안 북한과의 기존 합의서에서 북한의 핵시설의 가동중단 상태를 사찰할 수 있는 권한을 IAEA에 주었는데, 북한이 IAEA 혹은 미국과의 마찰이 발생했을 때에 IAEA 사찰관을 추방했던 사례를 보면 IAEA의 한계가 여실히 드러난다.

그래서 한·미·중·러·일과 IAEA가 참가하는 국제공동검증단을 구성하고, 핵무기의 폐기에 대한 전문성을 가진 미국이 국제공동검증단의 책임자 및 주관자가 되어야 한다. 북한은 핵과 미사일 무장 국가이므로 실제 핵무기 폐기 협상과 사찰의 경험이 있는 미국이 직접 핵무기 폐기협상과 사찰에 참여하고 주도적 역할을 해야 북한의 핵폐기를 검증할 수 있고, 사찰에서 발생하는 여러 가지 문제점과 북한의 합의 위반사항을 북미 간에 직접 해결할 수 있다. 이 국제공동검증단이 북한으로부터 핵관련 모든 신고를 받도록 한다. 이때에 북한이 빠짐없이 모든 핵시설 및 핵물질, 핵무기를 신고하도록 촉구한다.

북한이 핵신고를 마치게 되면, 북한의 핵신고의 완전성과 정확성 여부를 확인하기 위해 국제공동검증단이 90일−180일 사이에 북한을 방문하여 기초사찰을 실시한다. 기초사찰 대상은 북한이 신고한 시설에 대한 보고서와 실제가 일치하는지에 대한 점검을 목적으로 한다. 또한 북한이 신고에서 빠뜨렸다고 생각되는 지역과 대상에 대해서 국제공동검증단이 직접 방문하여 기초사찰을 실시한다. 기초사찰 허용을 조건으로 북한 측에 대북한 경제제재 해제 조치를 취할 수 있다. 이 기초사찰에서 완벽한 검증대상의 리스트를 만드는 것이 필요한 이유는 지금까지 북핵에 대한 포괄적이고 완전한 검증을 하지 못하였기 때문에, 모든 협상체제가 실패하였던 것을 감안한 조치이다. 기초사찰 이후 북한핵에 대한 완전한 리스트가 만들어지면, 국제공동검증단이 북한 핵폐기 사찰을 실시하게 된다. 이 폐기사찰은 짧게는 2~3년, 길게는 4~5년 걸릴 수 있다. 이 폐기사찰 기간의 길이에 대해서 북미 고위급 협상에서 결정하도록 한다.

이때 북한이 수용하는 폐기사찰의 규모와 실적에 비례하여, 한·미·일·중·러 5개국과 국제사회가 북한에게 제공할 경제지원 규모와 내용에 대해서 대규모 패키지를 만들고 대북한 지원을 시행하도록 한다.

그리고 폐기된 북한의 핵물질은 미국으로 반출하도록 한다. 북한의 핵개발에 종사하고 있던 인력들은 모두 민수용 과학기술 인력으로 전환하도록 5개국과 국제사회가 국제컨소시엄북한 핵종사 인력의 민수전환목적 기관을 조직하고 이들의 직업전환을 지원하는 것이 바람직하다. 물론 북한핵에 대한 폐기사찰과 경제지원 방식은 미북 고위급회담에서 결정하도록 하고, 관련국가들은 그 지원방식과 내용에 대해서 별도의 관련국 회담에서 논의하여 합의에 이르도록 해야 할 것이다.

3. 북핵 폐기의 검증대상으로는 아래와 같은 구체적인 사항들이 모두 포함되어야 할 것이다.

첫째로, 북한 핵폐기의 검증 대상은 모든 무기급 핵물질, 핵물질의 연구, 생산, 관리 시설들을 포함시켜야 한다. 먼저 플루토늄 생산 관련 활동을 검증하기 위해 5MWe 원자로 및 IRT-2000 원자로의 운전이력, 50MWe와 200MWe 원자로의 건설현황, 현재 거의 완공된 100MW 실험용 원자로, 재처리시설의 운전이력 및 재처리 수량 등을 파악해야 한다. 또한 농축 우라늄 생산 활동을 검증하기 위해 원심분리기의 운용을 통해 얻은 농축량을 확인해야 하고, 각종 농축 시설과 연구시설들이 포함되어야 한다.

이 외에도 북한의 핵물질 생산량을 근본적으로 파악하기 위해 우라늄광산, 천연우라늄 보유량 및 원광품질, 정련시설, 변환시설, UF6 생산시설, 핵연료제조시설, 중·저준위 및 고준위폐기물 저장시설 등에 대한 상세한 정보를 확보해야 한다.

또한 핵물질 취급 관련 연구 활동과 핵물질의 특성을 분석하기 위해 검증대상으로 원자력연구소의 연구시설 현황과 연구내용, 원자력관련 기자재 및 기자재 생산시설, 그리고 인력 현황 등이 포함되어야 한다.

둘째로 핵폐기 검증의 대상은 북한이 이미 보유하고 있는 핵무기의 종류와 수량, 핵무기 제조 공장, 핵무기 연구 시설, 핵무기가 배치된 군사기지 등이 되어야 한다. 또한 핵관련 고폭실험 시설의 규모, 실험이력, 실험기기, 실험방법, 실험횟수 등이 검증되어야 한다.

셋째로 핵폐기 검증의 대상은 핵실험과 관련된 모든 시설과 장소가 될 것이다. 예를 들면, 핵실험 장소, 터널의 형상 및 수, 폭발지점 zero room의 수 및 위치, 시설의 종류 및 수, 핵실험 관련 기기 등을 파악하고, 핵폭발 장치nuclear explosive device의 종류, 사용핵물질의 종류와 양, 폭발력설계 폭발력과 실제 폭발력 등을 규명할 수 있어야 한다. 사찰단은 핵실험장 건설 및 유지, 그리고 핵실험 관측에 사용된 관련 장비의 종류와 성능 및 수량을 확인해야 한다. 환경시료 내 핵물질을 정밀분석 하면 핵실험에 대한 직접적인 증거 확보가 가능하다. 따라서 핵실험장 주변 환경 변화 측정 관련 장비의 종류와 성능 및 수량도 확인되어야 한다. 방사선 핵종 누출 여부 및 누출 정도도 사찰대상이다.

4. 북한이 요구하는 안보보장은 북한의 검증확인된 핵폐기의 정도에 비례하여 제공되도록 하여야 한다. 이를 위해서 미-북한 고위급 회담과 한미 협의과정, 주변국과의 협의과정을 거쳐야 할 것이다.

사실 탈냉전 후의 한반도 평화에 가장 큰 장애요소는 북한의 핵무기와 미사일 개발이었다. 북한이 제네바합의만 잘 이행하고, 비밀리에 우라늄 고농축을 실시하지 않았어도, 중장거리 미사일을 만들지만 않았어도 한반도에 평화가 정착될 수 있었다. 혹자는 미국의 부시행정부가 제네바합의를 파기하지만 않았어도 한반도에 평화가 정착될 수 있었다고 정 반대 주장을 하고 있고, 미국이 대북한 적대시 정책을 포기했으면 비핵화되었을 것이라고 하는 북한의 주장이 있기는 하다.

그러나 지금은 "만약에 ~하지 않았다면, ~했을 것이다"라는 가정은 아무런 소용이 없다. 북한은 핵무장국가가 되었고, 기술적인 정확성을 제외하면 미국을 위협할 수 있는 핵탑재 대륙간탄도탄을 날릴 수 있는 경지에 이르렀다.

따라서 검증가능한 핵폐기가 가장 중요한 목표이며, 이를 달성하기 위해 북한이 회담에 진정성있게 나온다면, 북한이 요구해 온 정치·군사적 목표 중에서 수용가능한 것이 무엇인지 미국의 국내에서, 한-미간 고위 협의과정에서, 미국과 주변국과의 협의과정에서 신중하게 검토할 때가 되었다.

지금까지 북한이 대외선전 목적 혹은 정치적 목적으로 미국에 요구한 모든 사항들을 보면, 미국의 대조선 적대시정책의 철폐, 정전협정의 북미간 평화협정으로의 대체, 주한미군의 철수, 한미동맹의 해체 등이 포함되어 있다. 한국은 주한미군의 철수나 한미동맹의 해체는 수용이 불가능할 것이다. 북한에 줄 수 있는 것은 경제 및 외교제재의 해제, 미-북 국교정상화, 일-북 국교정상화, 경제지원, 한반도 정전 선언, 한반도 평화체제의 수립 등이 될 수 있을 것이다. 이것을 북한의 검증가능한 핵폐기라는 포괄적인 단일 협정 속에 서로 주고받기 형식을 빌어서 협상을 할 수 있을 것이다. 만약에 이런 포괄적인 검증가능한 핵폐기 협정을 관철하기 위한 협상과정이 실패한다면, 한반도는 또다시 북한의 핵과 미사일로 인한 위기가 반복 내지 확대될 수 있을 것이다.

이런 장기적인 협상과정을 거쳐서 북한핵의 검증가능한 폐기를 성공적으로 달성하기 위해서는 한국과 미국과 일본과 중국과 러시아, 기타 관련국가들이 아래 네 가지 사항을 계속하여 준수해 나갈 필요가 있다.

1. 북한의 핵과 미사일 위협은 우리 한국과 한국 국민에게 가장 먼저 닥칠 수 있는 재앙이라는 사실fact임을 깨닫고 이에 대한 철저한 대비를 해야 한다.

이 재앙을 방지하고 한국의 생존을 확보하기 위해 군사적 측면에서 억제 대책과 확실한 대응 조치가 있어야 한다. 한국 국민의 방호조치가 필수적으로 뒤따라야 한다. 한국이 북핵미사일 문제가 한국과 한민족의 존망의 문제임을 깨닫고 이를 해쳐나가기 위해 동맹국인 미국과 협력하여 공동으로 억제대책을 마련하고, 세밀한 계획까지 공유하며, 북한에 대해서 억제 효과를 과시할 수 있는 미국의 확장 억제력을 언제나 보유하고 있어야 한다. 그래야 북핵 협상에서 힘의 우위에 서서 협상할 수 있고, 협상이 지루하게 계속되는 동안 한국의 국가안보를 확실하게 보장할 수 있을 뿐만 아니라, 한국이 북한 핵위협의 인질로부터 벗어날 수 있다. 그러나 한미 간의 연합억제는 북한의 핵사용을 억제시키는 데에는 효과적이나, 북한의 핵과 미사일 개발을 억제하지는 못한다는 한계점을 동시에 기억해야 할 것이다.

2. 김정은이 핵무기 사용카드를 들고 미국과 "맞장 뜨기" 게임을 실시하여 지금까지 왔다는 점을 망각해서는 안 된다.

북한의 궁극적 목적은 미국과 평화협정을 체결한 후 한미 동맹의 해체시키고 미군을 철수시킴으로써 한반도에서 북한에 유리한 국제질서를 구축함에 있다. 협상과정에서 북핵의 포기부분적 해체 포함와 미국의 평화보장북미 평화협정같은 형태를 포함과 맞바꾸기를 시도할 것이기 때문에, 금후 협상에서는 북핵의 검증가능한 폐기를 시종일관 주장하고 관철함으로써 말로만 핵포기를 달성하는 것이 아닌, 실제로 북핵을 폐기시킬 수 있는 북핵폐기와 검증기구, 검증 대상과 절차, 이행방법, 위반시 대책 등이 모두 포괄적으로 합의되어야 한다. 이런 포괄적이고 실천가능한 합의가 전제되지 않으면 대북제재의 해제나 대북 경제지원, 안보보장 제공을 하지 않도록, 북측에 대한 양보와 북측이 하는 양보가 확실하게 상호 연계되어 북핵폐기가 실질적으로 판가름나도록 해야 할 것이다.

3. 중국과 러시아가 완전한 대북한 제재에 동참하도록 해야 한다. 북한과의 검증가능한 핵폐기가 합의되기 전까지는 대북한 국제제재가 그대로 유지되어야 한다.

중국과 러시아가 유엔안보리의 대북 제재를 준수함은 물론, 북한 핵무기 폐기를 위해 상당 기간 완전한 대북제재에 참여할 각오와 조치를 해야 한다. 한국과 미국, 일본과 국제사회가 100% 대북 제재를 하면서, 북한의 핵폐기 수준에 연계하여 북한에 대한 제재 해제와 경제편익을 제공하도록 되어야 한다. 북한은 틈만 있으면, 단합된 국제제재를 깨뜨리려고 시도할 것이다. 북한은 가능한 한, 애매모호한 핵동결을 중심으로 한 비핵화에 합의하고, 국제제재의 연대를 느슨하게 하려고 시도할 것이다. 만약에 이 국제 제재연대가 북한의 검증가능한 핵폐기보다 먼저 깨어진다면, 국제사회는 핵비확산체제의 종말을 맞아야 할지도 모른다.

4. 검증가능한 북핵 폐기를 위한 목표와 방법, 수단에 대해서 한, 미, 일, 중, 러 5개국이 공감대를 가져야 한다. 유엔안보리상임이사국 5개국이 NPT를 수호하려는 자세를 새롭게 해야 한다.

지금까지 관련 국가들의 북한 비핵화를 달성하기 위한 목표와 우선순위, 비핵화 달성 전략이 통일되고 일관성있게 추진되지 못했다. 이제부터 미국을 비롯한 한국, 일본, 중국, 러시아가 똑같은 접근과 전략을 마련하고 추진해야 하며, EU와 유엔안보리도 똑같은 생각과 전략을 가지도록 외교적인 노력을 기울여야 할 것이다. 특히 국제핵비확산체제에서 공인된 핵보유국 미국, 러시아, 영국, 프랑스, 중국이 북한핵의 검증가능한 폐기라는 단일 목표에 일치된 입장을 갖고, NPT체제를 지키기 위해서 지금까지 보다 더 확실한 정기적인 정책협의를 가지며, 사후약방문식after the fact의 유엔안보리제재결의에 만족하지 않고, 50주년을 맞는 NPT체제를 수호하기 위해 북한에 대해 동일한 정책노선과 조치를 취하게 될 때에 북한뿐만 아니라 미래의 핵보유 시도 국가들을 막을 수 있다는 점을 명심해야 할 것이다.

참고문헌

권태영 외 『북한 핵미사일 위협과 대응』 북코리아 2015.

미치시타 나루시게 『북한의 벼랑끝 외교사』 한울 2013.

박휘락 『북핵위협과 안보』 북코리아 2016.

송민순 『빙하는 움직인다』 창비 2016.

송종환 『북한 협상 행태의 이해』 오름 2002.

신용도 『UN 안보리결의안 제2270호의 대북제재가 북한 경제에 미치는 영향 분석』
    한국테러학회보 2016. 3.

윤영관 『외교의 시대』 미지북스 2015.

이용준 『게임의 종말』 한울 2010.

이종석 『칼날 위의 평화』 개마고원 2014.

임동원 『피스메이커』 중앙Books 2008.

임수호 『국제적 제재하의 북한경제실태 및 전망』 국가안보전략 2018. 1.

전봉근 『북핵 시나리오 분석과 한반도 비핵·평화체제 추진체계』 국립외교원 2017.

정욱식·강정민 『핵무기』 열린길 2008.

조나단 폴락 『출구가 없다』 아산정책연구원 2012.

    Pollack, Jonathan D,, *No Exit*, London, UK: Routledge, 2011.

조성렬 『전략공간의 국제정치』 서강대출판부 2016.

윌리암 페리 『핵 벼랑끝을 걷다』 창비 2016.

    Perry, William J., *My Journey at the Nuclear Brink*, Stanford University

Press, 2015.

최현수·최진환·이경행『한반도에 사드를 끌어들인 북한 미사일』경당 2017.

한국원자력통제기술원, 『2017 북한 핵프로그램 총서』. 2017.

한승주『외교의 길』올림 2017.

한용섭『한반도 평화와 군비통제』박영사 2016.

　　　『국방정책론』박영사 2018.

황일도『북한 군사전략의 DNA』플래닛 미디어 2013.

김명철『김정일의 통일전략』살림터 2000.

김준혁 외『주체 101(2012)년과 경애하는 김정은 동지』외국출판사 2013.

평양출판사『선군의 태양 김정일 장군』2007.

김철우『김정일장군의 선군정치』평양출판사 2000.

로동신문 1993－2017.

Bracken, Paul J. *The Second Nuclear Age: Strategy, Danger, and the New Power Politics*, St. Martin's Griffin, 2013.

Brown, Michael et.al., *Going Nuclear*, The MIT Press, 2010.

Drezner, Daniel W., *The Sanctions Paradox*, Cambridge University Press, 1999.

Feiveson, Harold A., *Unmaking the Bomb*, The MIT Press, 2014.

Galvin, Francis J., *Nuclear Statecraft*, Cornell University Press, 2012.

Han, Yong－Sup. *Nuclear Nonproliferation and Disarmament in Northeast Asia*. UNIDIR 1995.

Hill, Christopher R., *Outpost*, Simon & Schuster, 2014.

Knoff, Jeffrey W., *Security Assurances and Nuclear Nonproliferation,*, Stanford University Press, 2012.

Oberdorfer, Don and Carlin, Robert. *The Two Koreas: A Contemporary History*, Basic Books, 2014.

Pritchard, Charles L., *Failed Diplomacy: The Tragic History of How North Korea Got the Bomb*, Brookings Institution Press, 2007.

Sagan, Scott D. and Waltz, Kenneth N. *The Spread of Nuclear Weapons*. W.W. Norton and Company, 2013.

Sigal, Leon V. *Disarming Strangers*. Princeton University Press, 1998.

Wit, Joel S., Poneman, Daniel B. and Gallucci, Robert L. *Going Critical*, Brookings, 2005.

북한 핵의 운명

초판발행   2018년 4월 16일

지은이   한용섭
펴낸이   안종만

편 집   조혜인
기획/마케팅   정연환
표지디자인   김연서
제 작   우인도 · 고철민

펴낸곳   도서출판 박영사
                경기도 파주시 회동길 37-9(문발동)
                등록 1952. 11. 18. 제406-3000000251001952000002호(倫)
전 화   02)733-6771
f a x   02)736-4818
e-mail   pys@pybook.co.kr
homepage   www.pybook.co.kr
ISBN   978-89-10-95010-3   93390

정 가   14,000원